ITIL® 4 公認ライセンス出版物

ITIL®

LICENSED BY AXELOS

ITIL® 4 ファンデーション 試験対策

NTTデータ先端技術 武山 祐

日経BP

本書の特徴

本書を手にとってくださりありがとうございます。

本書は「ITIL® 4ファンデーション試験に合格するための最短ルート」と、「ITIL4をビジネスに活用するための足がかり」を提供することを目的としています。

筆者は普段ITILの講師をしていますが、「ITIL4は過去のバージョンに比べ抽象的な概念が多く、理解が難しい」という受講者の声をよく耳にします。そこで本書にはITIL4についてより理解を深めるため、以下6つの工夫を組み込みました。

工夫.その1 正確な情報で試験対策ができる

試験対策は、「正確な情報」で準備する必要があります。

本書はITILの知的財産を管理提供しているPeopleCert／AXELOSの公認書籍です。そのため、ITIL4公式書籍である「ユーザーガイダンス」と「プラクティスガイド」から「正確な情報」を引用しながらITIL4について解説しています。

工夫.その2 試験で問われる能力がわかる

試験対策とは、「試験で問われる能力を身に付けること」です。

本書では、試験の設問を徹底分析して、第2章で「試験で問われる能力」について解説しています。そして、第３章からは試験に頻出する内容を中心にITIL4について解説しています。

工夫.その3 適切な方法で能力が身に付く

ITIL4ファンデーション試験では「記憶」と「理解」の２つの能力が求められます。また、各能力には適切な学び方があります。

本書では、「記憶」を問われる部分をアンダーラインで示すことで、記憶するべき箇所を明確にしています。また、「理解」を問われる部分は解説の順番を工夫したり、補足説明やストーリーを入れたり、「記憶」したうえできちんとそのことを「理解」できるようにしています。

工夫.その4 効率よく能力が定着する

「思い出す」という行為の中で「記憶」と「理解」がより確かなものになります。

本書では、各節末の復習チェックリストの利用や、章末問題の復習を通して、各節・各章の重要事項を思い出せるようにしました。このように、繰り返し思い出すことで、効率よく「記憶」と「理解」ができるように工夫しました。

工夫.その5 学習効果が高い模擬試験

良い模擬試験には「本番試験に近い」「復習により、高い学習効果が得られる」という特徴があります。

本書掲載の模擬試験は、本番試験に近い「難易度配分」と「設問の文章」を意識しています。また、なるべく1つの設問で複数の「記憶」と「理解」を確認できるようにしました。誤りの選択肢も含め、何度も復習する価値がある模擬試験を掲載しています。

工夫.その6 ビジネス活用の足がかりを提供

ITIL4ファンデーション試験合格は最終目標ではありません。ITIL4を活用することで、皆さんのビジネスを良い方向に導くことができるはずです。

本書では、第7章でITIL4を皆さんのビジネスに活用するための足がかりを提供しています。

本書の使い方

本書の使い方を**図0-1**に示しますので、参考にしてください。

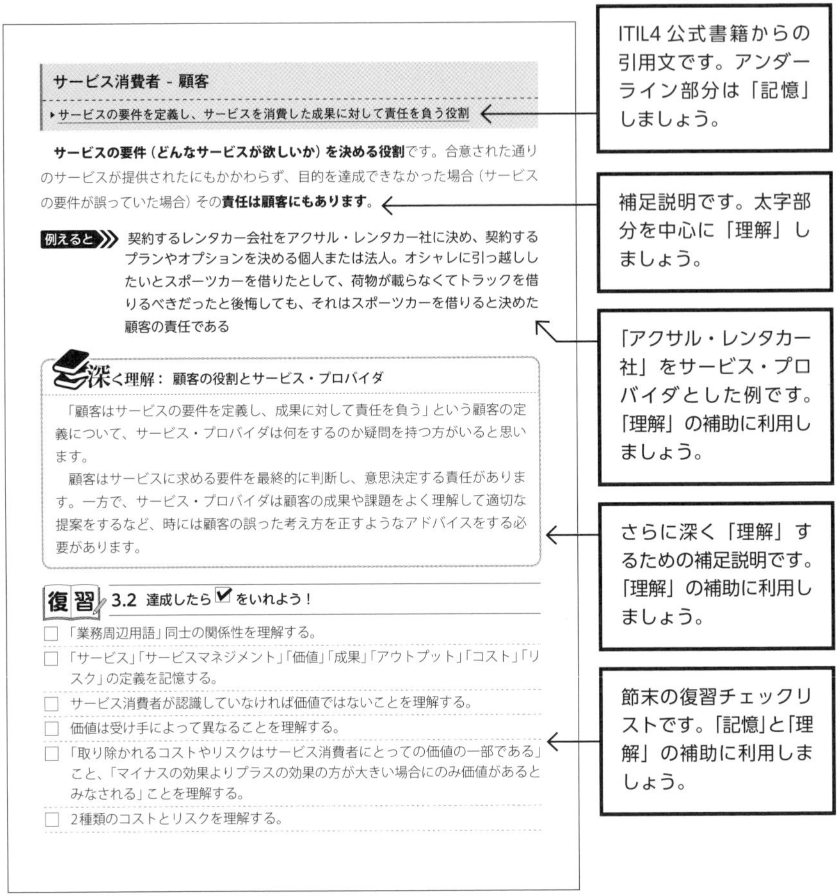

図0-1.　本書の使い方

目次

本書の特徴 002

第 1 章　ITIL とは何か 012

1.1　ITIL とは何か 012
1.2　ITIL4 の変更点 013
1.3　DX と ITIL4 016
1.4　ITIL4 公式書籍 017

第 2 章　ITIL4 ファンデーション資格試験 020

2.1　ITIL4 資格体系 020
2.2　試験基本情報 022
　2.2.1　問われる知識レベル 023
　2.2.2　本書各章の出題配分 024
2.3　試験対策 025
　2.3.1　効果的な本書「章末問題」と「模擬試験」の利用方法 025
　2.3.2　３つの出題パターン 027
　2.3.3　試験対策として使えるテクニックと使えないテクニック 029

第 3 章　ITIL4 の関連用語 040

3.1　利害関係者用語 040
　　用語「サービス・プロバイダ」 041
　　用語「サプライヤ」 041
　　用語「サービス消費者」 041
　　用語「サービス消費者 - 顧客」 042
　　用語「サービス消費者 - ユーザ」 042
　　用語「サービス消費者 - スポンサ」 043
　　用語「利害関係者」 044

3.2 業務周辺用語 045
用語「サービス」 045
用語「サービスマネジメント」 046
用語「価値」 046
用語「成果」 046
用語「アウトプット」 047
用語「コスト」 047
用語「リスク」 047

3.3 価値周辺用語 050
用語「有用性」 050
用語「保証」 051
用語「可用性」 051
用語「キャパシティ」 051
用語「セキュリティ」 051
用語「継続性」 052

3.4 サービス周辺用語 053
3.4.1 サービス関係モデル 053
用語「サービス関係モデル」 053
用語「サービス関係」 054
用語「サービス供給」 055
用語「サービス消費」 055
用語「サービス関係管理」 055
3.4.2 サービス提供物 055
用語「リソース」 056
用語「製品」 057
用語「サービス提供物」 057
用語「サービス提供物 - 商品」 057
用語「サービス提供物 - リソースへのアクセス」 058
用語「サービス提供物 - サービス活動」 058

3.5 章末問題　その1 060

3.6 章末問題　その2 063

第4章 ITIL4のフレームワーク 068

4.1 全体像 068
4.2 サービスマネジメントの4つの側面 069
4.2.1 組織と人材 072
用語「カルチャ」 073
4.2.2 情報と技術 073
4.2.3 パートナとサプライヤ 074
4.2.4 バリューストリームとプロセス 075
4.3 サービス・バリュー・システム 079
4.4 従うべき原則 082
4.4.1 ①価値に注目する（Focus on value） 082
4.4.2 ②現状からはじめる（Start where you are） 083
4.4.3 ③フィードバックをもとに反復して進化する
(Progress iteratively with feedback) 085
4.4.4 ④協働し、可視性を高める
(Collaborate and promote visibility) 086
4.4.5 ⑤包括的に考え、取り組む（Think and work holistically） 087
4.4.6 ⑥シンプルにし、実践的にする
(Keep it simple and practical) 088
4.4.7 ⑦最適化し、自動化する（Optimize and automate） 090
4.4.8 従うべき原則の共通事項 091
4.5 サービス・バリュー・チェーン 095
4.6 サービス・バリュー・ストリーム 100
4.7 章末問題 103

第5章 ITIL4の管理プラクティス 114

5.1 サービス戦略・設計フェーズに関係が深い管理プラクティス 117
5.1.1 サービスレベル管理 117
用語「サービスレベル」 118
用語「サービスレベル・アグリーメント
(Service level agreement　SLA)」 119

5.1.2　関係管理 ……… 122
5.1.3　サプライヤ管理 ……… 122
5.1.4　情報セキュリティ管理 ……… 123
用語「機密性」 ……… 123
用語「完全性」 ……… 123
用語「可用性」 ……… 123
用語「認証」 ……… 123
用語「否認防止」 ……… 123
5.2　サービス移行フェーズに関係が深い管理プラクティス ……… 126
5.2.1　変更実現 ……… 127
用語「変更」 ……… 127
5.2.2　展開管理 ……… 130
5.2.3　リリース管理 ……… 131
用語「リリース」 ……… 131
5.2.4　サービス構成管理 ……… 133
用語「構成アイテム（Configuration item　CI)」 ……… 133
5.2.5　IT 資産管理 ……… 133
用語「IT 資産」 ……… 133
5.3　サービス運用フェーズに関係が深い管理プラクティス ……… 136
5.3.1　サービスデスク ……… 136
用語「インシデント」 ……… 137
用語「サービス要求」 ……… 137
5.3.2　サービス要求管理 ……… 140
5.3.3　モニタリングおよびイベント管理 ……… 141
用語「イベント」 ……… 141
用語「モニタリング」 ……… 142
5.3.4　インシデント管理 ……… 142
用語「エスカレーション」 ……… 143
5.3.5　問題管理 ……… 145
用語「問題」 ……… 146
用語「既知のエラー」 ……… 146
用語「ワークアラウンド」 ……… 146

5.4 サービス全体を通じて関係する継続的改善 151

5.4.1 継続的改善 151

5.5 章末問題 156

第 6 章 模擬試験と解説 172

ITIL4 ファンデーション試験 模擬試験 1 174

ITIL4 ファンデーション試験 模擬試験 1 解答・解説 196

ITIL4 ファンデーション試験 模擬試験 2 244

ITIL4 ファンデーション試験 模擬試験 2 解答・解説 266

第 7 章 ビジネス活用はじめの一歩 310

7.1 改善を例にした ITIL4 活用例 310

7.2 付録 316

第1章

ITILとは何か

ITIL4に到るまでの歴史や背景を学ぶことで、学習の下地をつくります。

1.1 ITILとは何か 12

1.2 ITIL4の変更点 13

1.3 DXとITIL4 16

1.4 ITIL4公式書籍 17

第1章 ITILとは何か

1.1 ITILとは何か

ITIL（Information Technology Infrastructure Library（※1））とはサービスマネジメントに関して、世界で最も広く採用されているガイダンスです。ITサービスを中心に、「IPAのITサービスマネージャ試験」「ISO20000シリーズ」「各種ITSM（ITサービスマネジメント）ツール」など、様々な資格や規格、製品のベースとなっているものです。

ITILは、1989年に「v1」が誕生し、1998年（正確には1998年から2004年にかけてつくられました）に「v2」、2007年に「v3」、2011年に「v3」のマイナーアップデートバージョンである「2011 Edition」、そして2019年の「4」というように、約10年ごとにバージョンアップされてきました（**図1.1-1**）。

図1.1-1　ITILの変遷

※1：現在のITILは「ITインフラストラクチャの書籍群」ではないため、「Information Technology Infrastructure Library」の呼称を使わないことが正式に決まっています。

1.2 ITIL4の変更点

ここでは「ITIL4」の以前のバージョンとの違いを「①IT目線からビジネス目線へ」「②価値提供から価値共創へ」「③ライフサイクルからバリューチェーンへ」という3つに分類してお伝えします。なお、ここで紹介する内容はITILの公式見解ではなく、筆者の見解が含まれることをご承知おきください。

①IT目線からビジネス目線へ

以前のバージョンのITILは、「ビジネスの要望を、どのようにしてITで実現するか」という「IT目線」でした(※2)。

これが、「ITIL4」では、「ITを使って、どのようにしてビジネスをつくるか」という「ビジネス目線」に変化しました（**図1.2-1**）。

具体的には、「ITIL4」では、「ビジネス目線」で外的要因を分析するために「PESTLE」というフレームワークが含まれるようになり、「従うべき原則」という組織を導く指針が採用されました。さらに、「サービスブループリントやカスタマージャーニー」を用いてサービス消費者にとっての価値を考える手法が紹介されるようになり、「IT目線」ではなく、「ビジネス目線」でサービスをマネジメントするという考え方がより強調されるようになりました。

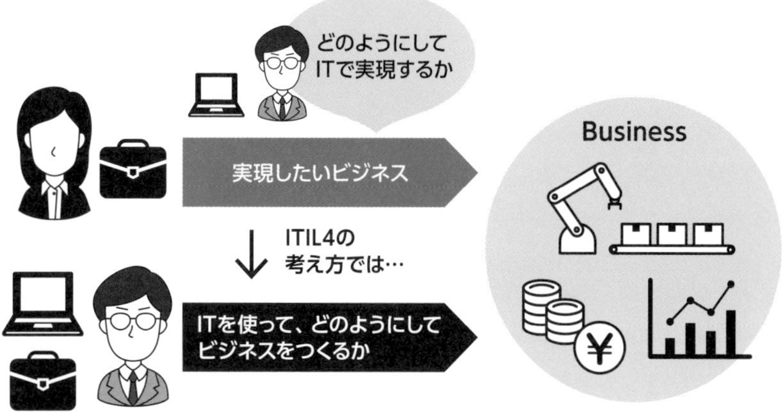

図1.2-1　IT目線からビジネス目線へ

※2：以前のバージョンのITILも、組織のビジネス全体をカバーするものを目指してつくられていました。しかし、日本ではITILは運用標準として広まったという経緯があり「ビジネスの要望をITで実現する」という傾向が特に色濃くなってしまいました。

②価値提供から価値共創へ

以前のバージョンのITILは、『サービス・プロバイダは、サービス消費者に対して価値を提供する』という考え方がベースにありました(※3)。

これが、『「ITIL4」では「共創」というキーワードが頻出し、サービス・プロバイダとサービス消費者は価値を「共に」「創る」関係性であるべきである』という考え方が明示されるようになりました（**図1.2-2**）。

具体的には、サービスの定義や、サービス・バリュー・システムの目的などに「共創」という考え方が登場します。

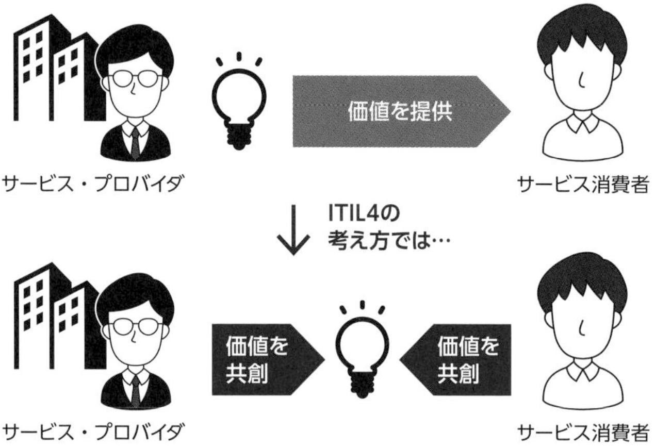

図1.2-2　価値提供から価値共創へ

③ライフサイクルからバリューチェーンへ

「ライフサイクル」とはITサービスマネジメントの段階を「戦略」「設計」「移行」「運用」「継続的改善」という5段階に分類し、それぞれの段階で適切な対応をするという考え方です。

以前のバージョンまではITILと言えば「ライフサイクル」と言われるほど、「ライフサイクル」はITILを象徴するものでした。

これが、「ITIL4」では「ライフサイクル」から、柔軟性が高く自由に組み立て可能な「バリューチェーン」という考え方に変化しました（**図1.2-3**）。

※3：以前のバージョンのITILにも、事業関係管理やサービスポートフォリオ管理などを通して顧客と共に価値を定義するためのプロセス自体はありましたが、「共創」と明記されるようになったのはITIL4からです。

具体的には、最新技術やアジャイル、リーンといった考え方を柔軟に取り入れることが推奨され、これらの技術や考え方で「ライフサイクル」にとらわれない「バリューチェーン」の最適化が推奨されています。

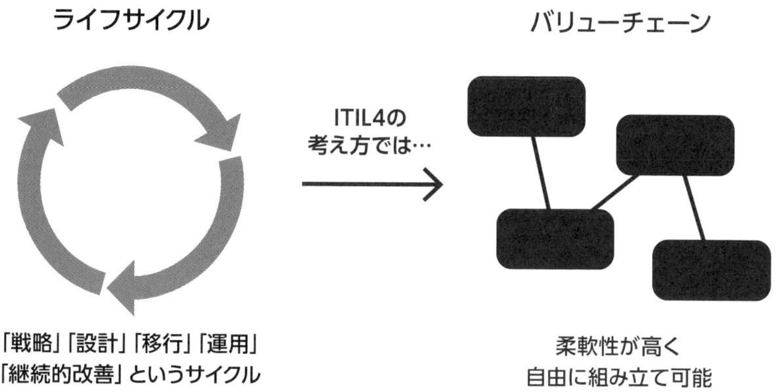

図1.2-3　ライフサイクルからバリューチェーンへ

紹介した３つの変化を正確に理解し、変化に追従することが重要です。次に、この変化が生まれた理由を解説します。

1.3 DXとITIL4

今回のアップデートバージョンである「ITIL4」から「v」の文字が抜けていることにお気付きでしょうか。「v」は「version」の略ですが、「ITIL4」は「第四次産業革命」のためのガイダンスとも呼ばれており、「ITIL4」という名称は「第四次産業革命」の“四”を意識して付けられたと言われています。

第四次産業革命とはデジタル技術を用いた、単なるオートメーション化を超えたビジネスの変革、いわゆる「DX（デジタル・トランスフォーメーション）」のことを指しています。「ITIL4」はサービスマネジメントのガイダンスだけでなく、DXのガイダンスとしても役割を果たすように変わったのです。

DXとは何か、このテーマは様々な議論がありますが、ITIL4では「デジタル技術を利用して、デジタル以外の手段によっては実現できない組織の目標を実現すること（筆者訳）(※4)」と定義されています。

DXの実現には、まず組織がもたらす価値の本質を見極め、組織が向かうべき方向を決めます（ここで「ITIL4」１つめの変化である「ビジネス目線」が必要となります）。次に、決めた方向へ進むためにサイロ（縦割り）を断ち切り（ここで「ITIL4」２つめの変化である「価値共創」が必要となります）、有効なデジタル技術を採用し価値を生み出す流れをつくり出します（ここで「ITIL4」３つめの変化である「バリューチェーン」が必要となります）。

「ITIL4」では３つの変化があったという話をさせていただきました。このアップデートによってDXに必要とされる要素への対応が可能となりました。

ITILは今までも幅広く、IT業界を中心に支持されていました。生まれ変わったITIL4を活用し、皆様のビジネスを時代の変化に適合させてゆきましょう。

※4：原文は"The use of digital technology to enable a significant improvement in the realization of an organization's objectives that could not feasibly have been achieved by non-digital means."です。

1.4 ITIL4公式書籍

ITIL4公式書籍には「ユーザーガイダンス」と「プラクティスガイド」の2種類があります。

「ユーザーガイダンス」はITIL4ファンデーション資格とITIL4エキスパートレベル資格のモジュールごとに発行されています（ITIL4資格体系については「2.1　ITIL4資格体系」を参照してください）。各資格の受験バウチャにはその資格モジュールの電子版の「ユーザーガイダンス」（「公式電子ユーザーガイダンス」と呼ばれます）が付属します。つまり、皆さんがITIL4ファンデーション試験を受験すると、ITIL4ファンデーションの「公式電子ユーザーガイダンス」が手に入ります。

もう一つの公式書籍「プラクティスガイド」はITIL4の管理プラクティスについての詳細が記述されています。変化に柔軟に対応してすぐに更新できるよう、プラクティスガイドは有料サブスクリプション型サービスで提供されています。

第2章

ITIL4ファンデーション資格試験

ITIL4ファンデーションの資格体系や、試験基本情報、テクニックをも含む試験対策方法など、「試験で問われる能力」を紹介します。

工夫.その2 試験で問われる能力がわかる

・「試験で問われる能力」を解説しています。
・試験対策として「使えるテクニック」と「使えないテクニック」を解説しています。

2.1 ITIL4資格体系 20
2.2 試験基本情報 22
2.3 試験対策 25

第2章 ITIL4ファンデーション資格試験

2.1 ITIL4資格体系

図2.1-1はITIL4の資格体系です。記述の情報は2024年11月時点のものです。最新情報はPeoplecert Webサイト<https://peoplecert.jp/>を参照してください。

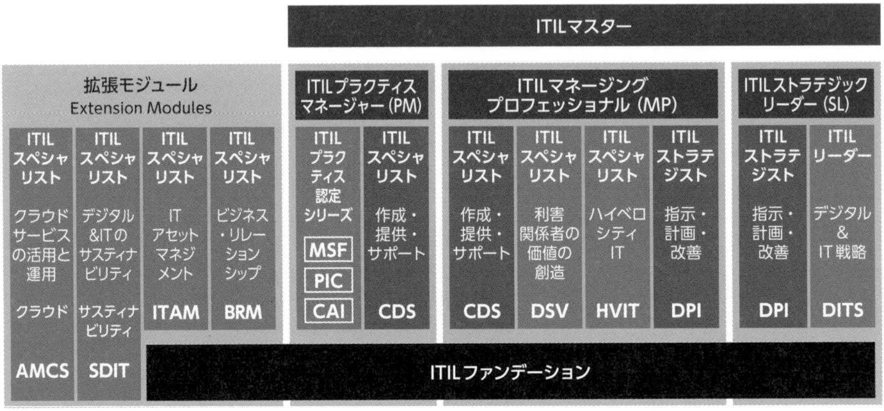

AMCS：Acquiring and Managing Cloud Service
BRM：Business Relationship Management
CAI：Collaborate, Assure & Improve
CDS：Create, Deliver & Support
DITS：Digital & IT Strategy
DSV：Drive Stakeholder Vale
DPI：Develop, Plan & Improve
HVIT：High-Velocity IT
ITAM：IT Asset Management
MSF：Monitor, Support & Fulfill
PIC：Plan, Implement & Control
SDIT：Sustainability in Digital & IT

※2つあるCDSとDPIはそれぞれ同一の共通モジュール

図2.1-1　ITIL4資格体系

ITIL4資格の種類

①ITIL4ファンデーション

基礎レベルの資格で、本書がターゲットとしている資格です。以前のバージョンからの資格移行試験（ブリッジ試験）は用意されていません。以前のバージョンの資格を保有している方も新規で受験する必要があります。詳細は次の「2.2　試験基本情報」を参照してください。

②ITILマネージングプロフェッショナル（MP）／ITILストラテジックリーダー（SL）／ITILプラクティスマネージャー(PM)

エキスパートレベルの資格で、それぞれのグループにある各モジュールをすべて取得することで認定されます。各モジュールは、ITIL4ファンデーションを保有していることが受験の前提条件です。

③拡張モジュール

ITILの概念を拡張するモジュール資格です。

④ITILマスター

最上位の資格で、MP、SL、PMすべてを取得することで認定されます。

2.2 試験基本情報

図2.2-1はITIL4ファンデーションの試験情報サマリです。記述の情報は2024年11月時点のものです。最新情報はPeoplecert Webサイト<https://peoplecert.jp/>を参照してください。

項目	内容	備考
資格難易度	ファンデーション（基礎レベル）	「2.2.1 問われる知識レベル」を参照してください。
試験前提要件	なし	本書学習後、すぐに受験可能です。
試験時間	60分	早期退出可能です。
問題数	40問	「2.2.2　本書各章の出題配分」を参照してください。
配点	1問につき1点	減点となる選択肢はないため、すべての解答を埋めるようにしましょう。
問題形式	四択問題	—
合格基準	65%以上（26点以上）	—
持ち込み	不可	公式書籍も含め、資料は持ち込みできません。
言語	日本語、英語、ドイツ語、スペイン語、フランス語、ポーランド語	母国語以外または業務で使用する言語以外の言語で試験を受ける受験者には25%の延長が認められ、制限時間は75分間になります。用語など、受験する言語に合わせて学習する必要があるので、本書で学習する皆様は日本語での受験を推奨します。
試験方式・受験料	試験実施機関により異なる	試験は通年で実施しています。方式はオンライン試験受験や試験センターでの受験などがあります。詳細は試験実施機関にお問い合わせください。

図2.2-1　試験情報サマリ

2.2.1 問われる知識レベル

ITIL4の試験はブルーム・タキソノミー（目標分類レベル）という考え方に基づき、つくられています。ブルーム・タキソノミーとは、ベンジャミン・サミュエル・ブルーム氏らが考案した、教育の目標を6レベルに分類したものです（**図2.2-2**）。

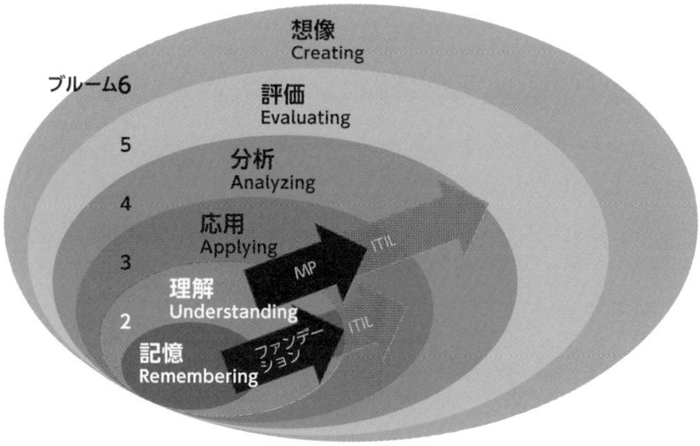

図2.2-2　ブルーム・タキソノミー（目標分類レベル）

ITIL4ファンデーションの試験ではレベル1の設問数が約22.5%に相当する9問、レベル2の設問数は約77.5%に相当する31問出題され、レベル3以上の出題はありません（**図2.2-3**）。

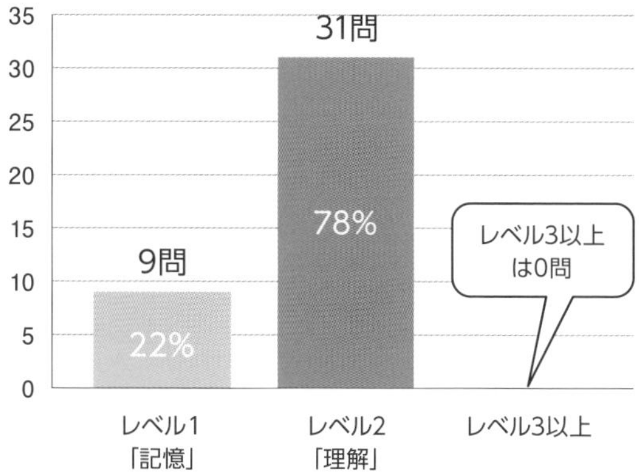

図2.2-3　ITIL4ファンデーションで問われるブルームレベルの配分

つまり、**レベル1「記憶」とレベル2「理解」を問う設問だけが出題されます**。それぞれ以下のように定義されています。

レベル1：記憶＝情報を想起する
→用語などを記憶し、正しい定義や正しい要素を選択肢から選ぶことができるか。
レベル2：理解＝意味を理解し、内容を言い換える
→重要な考え方を理解し、言い換えられた正しい選択肢を選ぶことができるか。

本書では、「記憶」を問われる部分はアンダーラインで示すことで、記憶するべき箇所を明確にしています。また、「理解」を問われる部分は解説の順番を工夫したり、補足説明やストーリーを入れたりなど、「記憶」したうえできちんとそのことを「理解」できるようにしています。

2.2.2　本書各章の出題配分

本書各章のITIL4ファンデーション試験における出題配分を**図2.2-4**にまとめました。一見すると管理プラクティスの内容が配点としては最も高いため、第5章だけを学習すれば良いように考えてしまう方がいらっしゃるかもしれません。しかし、「理解」は一足飛びに身に付けることができません。より確かな「理解」には、順を追って層を重ねるように学習することが不可欠です。**本書の順番通りに学習を重ねることを推奨します**。

第3章　ITIL4の関連用語
→5問（12%）
第4章　ITIL4のフレームワーク
→11問（28%）
第5章　ITIL4の管理プラクティス
→24問（60%）

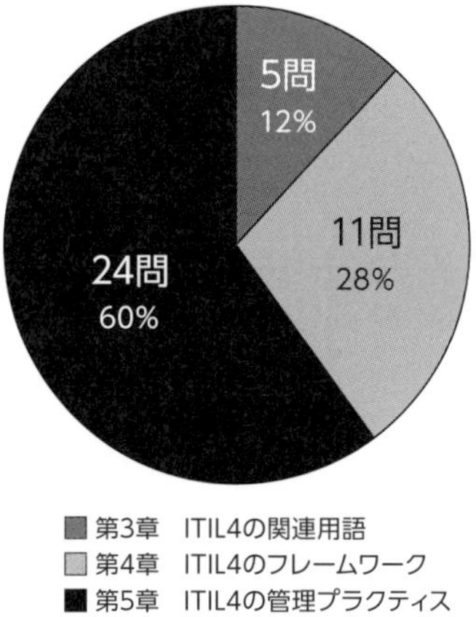

図2.2-4　本書各章の出題配分

2.3 試験対策

2.3.1 効果的な本書「章末問題」と「模擬試験」の利用方法

本書の「章末問題」と「模擬試験」を効果的に利用する３つのポイントを紹介します（**図2.3-1**）。

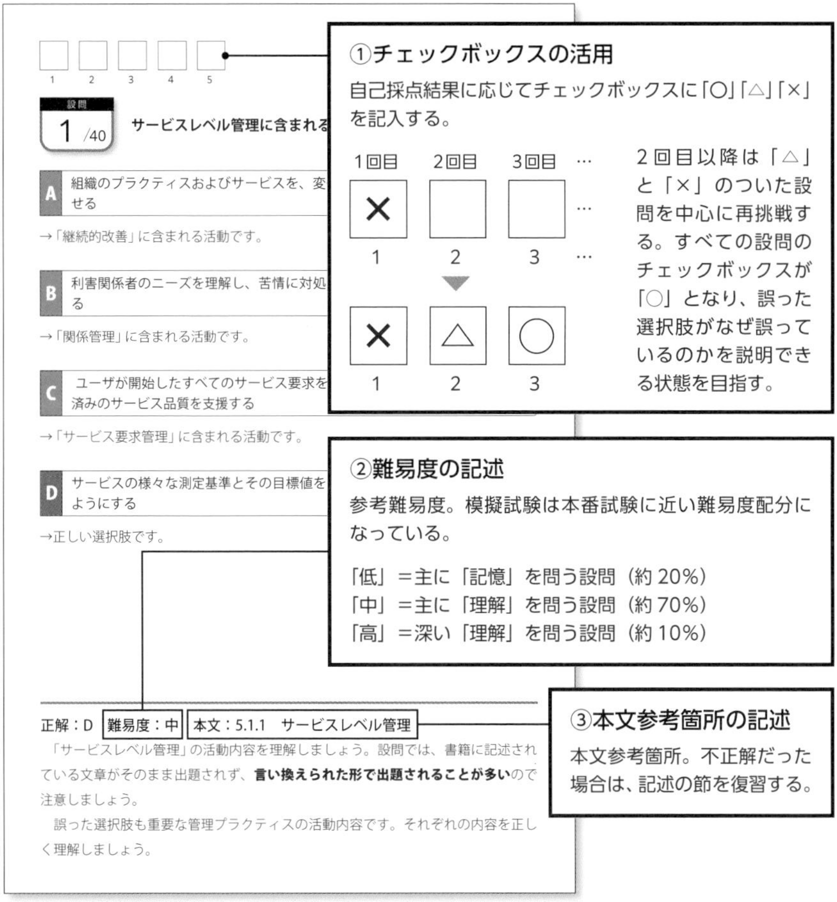

図2.3-1　効果的な本書「章末問題」と「模擬試験」の利用方法

①チェックボックスの活用

設問文上部にあるチェックボックスを活用して、効率的に「記憶」と「理解」を身に付けましょう。設問に挑戦後、自己採点結果に応じてチェックボックスに以下の記号を記入してください。

「○」＝正解して、正解の理由が説明できる。
「△」＝正解したが、正解の理由が説明できない。
「×」＝不正解だった。

2回目以降は「△」と「×」のついた設問を中心に再挑戦します。自己採点結果に応じて、次のチェックボックスに記号を記入してください。これを繰り返します。

理想の状態は、すべての設問のチェックボックスが「○」となり、誤った選択肢がなぜ誤っているのかを説明できる状態です。**理想の状態を目指して、何度も設問に挑戦しましょう**。

②難易度の記述

解答解説には「低」「中」「高」３つの難易度を記述しています。模擬試験は本番試験に近い難易度配分になっていますので、学習の参考にしてください。

「低」＝主に「記憶」を問う設問。（約20%出題）
　　用語などを記憶し、正しい定義や正しい要素を選択肢から選ぶことができるかを確認します。
「中」＝主に「理解」を問う設問。（約70%出題）
　　重要な考え方を理解し、言い換えられた正しい選択肢を選ぶことができるかを確認します。
「高」＝深い「理解」を問う設問。（約10%出題）
　　問われる「理解」が細かい内容であったり、複合的な「理解」が必要であったりします。

③本文参考箇所の記述

解答解説には本文の参考箇所を記述しています。学習の参考にしてください。

2.3.2　3つの出題パターン

出題パターンは以下の3パターンです。パターンごとの戦略を押さえましょう。**複雑に見える設問もすべてこの3パターンに収束します**。落ち着いて設問を見極めましょう。

①１つだけ含まれている正しい選択肢を選ぶパターン

最も多い出題パターンです。また、このパターンの応用で**「正しくない選択肢」を選ばせる**パターンもありますので、注意しましょう。

設問
例題　**正解はどれですか？**

A　正解

B　誤り

C　誤り

D　誤り

正解：A

②２つ含まれている正しい選択肢を選ぶパターン

組み合わせが限られているので、確実な正解、または誤りの選択肢を見つけることで解答を絞り込むことができます。

例えば、4番目が確実に誤りであるとわかった場合、選択肢CとDは誤りであると判断できます。

設問
例題
正解の組み合わせはどれですか？
1. 正解　2. 正解　3. 誤り　4. 誤り

A 1および2

B 2および3

C 3および4

D 1および4

正解：A

③［?］に当てはまる正しい選択肢を選ぶパターン

このパターンは「記憶」を問う設問がほとんどです。

設問
例題
以下の文章で、［?］部分に当てはまる用語は何ですか？
［?］を選ぶことで試験に合格できる。

A 正解

B 誤り

C 誤り

D 誤り

正解：A

2.3.3　試験対策として使えるテクニックと使えないテクニック

講義をしていると受講者の方から「裏技的に解答を絞り込むテクニックを教えてほしい！」という要望がたまにあります。

結論を述べると、魔法のようなテクニックは存在しません。逆に試験慣れしている方が誤ったテクニックにとらわれ、正解を逃してしまうことがあります。ここでは、「使えるテクニック」を示しますが、併せて注意喚起のために「使えないテクニック」も示しました。

▌5つの使えるテクニック

使えるテクニックとして紹介する内容は、ある意味「テクニック的」では無いかもしれませんが、正答率を上げる一助になります（**図2.3-2**）。

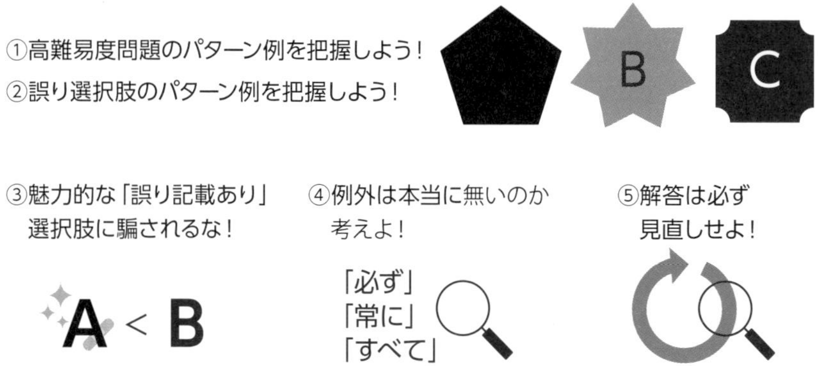

図2.3-2　使えるテクニックの一覧

①高難易度設問のパターン例を把握しよう！

一部（40問中4～6問程度）難易度が高い設問が出題されます。高難易度の設問には例えば以下のようなパターンがあります。パターンを把握して慌てずに対処しましょう。本書の章末問題と模擬試験で「難易度：高」という記述がある設問を解いて理解を深めてください。

(ｉ) 遠回しに理解を問う(40問中1,2問程度)

模擬試験1の2/40より

設問 2 /40

管理プラクティスの「サービスデスク」を支援するためにITサービスマネジメントツールを利用すると、どのようなメリットが得られる可能性がありますか?

A 緊急の変更の承認に必要な情報を素早く収集できる

B イベントを最小限の労力で記録と報告ができる

C 今まで見つけることができなかったインシデントの原因を発見することができる

D 優れた顧客体験にさらに専念できる

正解:D　難易度:高　本文:5.3.1　サービスデスク

遠回しに理解を問うパターンです。ITサービスマネジメントツールは世の中に多数存在し、利用した時のメリットはツールによって変わるため、一律に定義できません。この設問では、「サービスデスクに関係する内容を選びなさい」という単純な内容が遠回しに問われています。このように**一見複雑な設問に出合っても、慌てずに何が問われているのかを確認しましょう**。

（ⅱ）複合的に理解を問う（40問中1,2問程度）

章末問題5章10/10より

設問 10/10

問題解決に関係が深い管理プラクティスの組み合わせはどれですか？

1.サプライヤ管理　　2.情報セキュリティ管理

3.変更実現　　4.継続的改善

A　1および2

B　2および3

C　3および4

D　1および4

正解：C　難易度：高　本文：5章　複合

複合的に理解を問うパターンです。この設問では、「問題解決が複数の管理プラクティスにわたってどのようになされてゆくか」についての理解が問われています。管理プラクティス一つひとつの内容を理解するだけではなく、管理プラクティス同士の関係性を含んだ複合的な理解が必要です。**本書の章末問題と模擬試験で「複合」という記述がある設問を解いて理解を深めてください**。

（ⅲ）細かい内容の理解を問う（40問中1,2問程度）

細かい内容が問われている設問は、消去法で少しでも正解率を上げる方針をとってゆきたいところです。以下に記述している「誤り選択肢のパターン例」も押さえておきましょう。

②誤り選択肢のパターン例を把握しよう！

紹介するのはごく一部のパターンですが、消去法の参考にしてください。ここでは以下例題の選択肢でそれぞれのパターン例を解説します。

章末問題3章1/2より

設問 1/2 **サービスの価値に関する記述として、最も適切なものはどれですか？**

A サービスによって取り除かれるコストやリスクはサービス消費者にとっての価値の一部である

B サービスの価値は受け手が決めるものであり、すべてのサービス消費者に不変的な価値がもたらされる

C 最も多くのサービス料金を支払ったサービス消費者が、最も大きな価値を受け取るべきである

D 「1つまたは複数のアウトプットによって可能になる利害関係者にとっての結果」と定義される

正解：A　難易度：中　本文：3.2　業務周辺用語

(i) 論理的に破綻している選択肢

B サービスの価値は受け手が決めるものであり、すべてのサービス消費者に不変的な価値がもたらされる

この選択肢には「価値は受け手が決めるもの」（受け手によって変わるもの）と記述がありますが、同時に「もたらされる価値は不変的である」（受け手にかかわらず変わらないもの）と記述されており、そもそも矛盾があります。選択肢内に矛盾があるなど、選択肢自体が論理的に破綻していないか確認しましょう。

(ii) ITIL的に正しくない記述がある選択肢

C 最も多くのサービス料金を支払ったサービス消費者が、最も大きな価値を受け取るべきである

この選択肢にある、「料金の大小と価値の関係性」についての記述は、ITILにはありません。選択肢の中にITIL的に正しくない記述がないか確認しましょう。

(iii) 異なる分野の正しい記述である選択肢

D 「1つまたは複数のアウトプットによって可能になる利害関係者にとっての結果」と定義される

この選択肢は「成果」の定義です。選択肢の記述自体は正しいですが、問われている分野とは異なる内容ではないか確認しましょう。

③「誤り記述」を含む、魅力的な選択肢にだまされるな！

章末問題5章1/10より

設問 1 /10 **SLAを作成するうえで最も適切なポイントはどれですか？**

A 継続的に測定することが重要なため、測定しやすい項目を優先的に選択する

B 価値が重要なため、成果に関連した、定量的定性的な指標をバランスよく選択する

C なるべくサービス・プロバイダの意図通りにコントロールするため、顧客とサービス・プロバイダのみで作成する

D 顧客のサービスへの期待を反映するため、スイカSLAを理想として目指す

正解：B　難易度：中　本文：5.1.1　サービスレベル管理

この設問の誤りの選択肢には「継続的に測定することが重要なため」や「なるべくサービス・プロバイダの意図通りにコントロールするため」、「顧客のサービスへの期待を反映するため」などと、正解として選んでしまいたくなるような魅力的な記述があります。しかし、選択肢全体で見るとどれも誤りの記述が含まれています。

魅力的な内容が記述されているかではなく、なるべく誤りの記述が少ない選択肢を選びましょう。

「重要なポイントが含まれているが一部誤りの記述がある選択肢」と「ぼんやりと書かれているが、誤りとは言い切れない選択肢」の2つがある場合、後者の方が解答となります。**選択肢は加点方式で選ぶのではなく、減点方式で誤りがないものを選びましょう**。

④例外は本当に無いのか考えよ！

模擬試験1の4/40より

設問 **4** /40　**4つの側面の推奨事項として最も適切なものはどれですか？**

A どんな場合でも**すべて**の側面の**すべて**の要素からアクションプランを作成することが重要である

B 新規技術の導入時は「情報と技術」**のみ**を検討することが重要である

C **すべて**の側面を検討することが重要である

D **必ず**、はじめに「組織と人材」を検討し、次に「情報と技術」、「パートナとサプライヤ」「バリューストリームとプロセス」という順番で検討をすることが重要である

正解：C　難易度：中　本文：4.2　サービスマネジメントの４つの側面

「すべて」「のみ」「必ず」などの例外を許さない選択肢は要注意です。本当に例外はないのでしょうか、１つでも例外があった場合、その選択肢は不正解になります。もちろん、本当に例外がない場合もありますが、**例外を許さない選択肢は疑いの目を向けてしっかりと考えましょう**。

⑤解答は必ず見直しせよ！

見直しをすることはとても大切です。改めて考えることによって間違いに気が付くことはよくあることです。また、ごくまれに他の設問文に解答のヒントとなる情報が記述されていることがあります。これは、重要な内容は切り口を変えて何度か問われるためです。

3つの使えないテクニック

ITIL4ファンデーション試験では、いわゆる試験テクニックは通用しません。試験慣れしている方はテクニックにとらわれてしまい逆に正しい解答を選べなくなってしまうので注意しましょう。

①「共通する項目を多く含むものが正解」ではない！

これは、選択肢の構成要素を抽出し、他の選択肢と共通する項目が多い選択肢が、設問文にかかわらず正解であるという考え方です。しかし、ITIL4ファンデーション試験においては通用しません。

設問
例題

筆者の飼っているペットはどれですか

A カモノハシ

B トイプードル

C オカメインコ

D ピラニア

正解：B

正解はBですが、誤ったテクニックを使うと「分類、食性、胎生、呼吸」といった要素で、他の選択肢と共通する項目が多いAが正解と誤答してしまいます（**図2.3-3**）。

最も多く、共通する項目を含むから正解はAだ！

← 誤ったテクニック！ ✕

	分類	食性	胎生	呼吸
A.カモノハシ	**哺乳類**	**肉食性**	**卵生**	**肺呼吸**
B.トイプードル	**哺乳類**	雑食性	胎生	**肺呼吸**
C.オカメインコ	鳥類	穀食性	**卵生**	**肺呼吸**
D.ピラニア	魚類	**肉食性**	**卵生**	エラ呼吸

図2.3-3 「共通する項目を多く含むものが正解」ではない！

②「選択肢の内容に相反する要素があればどちらかが正解」ではない！

これは、例えば以下のような選択肢があったとき、選択肢AとBは正反対の内容を要素として含んでいるため、選択肢CとDの内容にかかわらず選択肢AとBのどちらかが正解であるという考え方です。しかし、ITIL4ファンデーション試験においては通用しません。

設問

例題　**筆者の興味について最も適切なものを選びなさい**

A 筆者は医者であるため、医学関連のニュースに最も興味がある

B 筆者は医者ではないが、医学関連のニュースに最も興味がある

C 筆者は講師であるため、教育関連のニュースに最も興味がある

D 筆者は弁護士ではないが、法律関連のニュースに最も興味がある

正解：C

正解はCですが、誤ったテクニックを使うと正解はAまたはBと誤答してしまいます（**図2.3-4**）。

AとBは相反する内容だから、どちらかが正解だ！

← 誤ったテクニック！ ×

選択肢	内容
A	**筆者は医者であるため、医学関連のニュースに最も興味がある**
B	**筆者は医者ではないが、医学関連のニュースに最も興味がある**
C	筆者は講師であるため、教育関連のニュースに最も興味がある
D	筆者は弁護士ではないが、法律関連のニュースに最も興味がある

図2.3-4　「選択肢の内容に相反する要素があればどちらかが正解」ではない！

③「迷信（3番目の選択肢に正解が多い、3連続以上同じ選択肢が解答にならない･･･など）」は信じない！

単なる迷信です。筆者が調べた限り、正解の選択肢に何らかの傾向は見られませんでした。同じ解答が続いて不安になるなど、無用な心配をしないようにしましょう。

第3章

ITIL4の関連用語

ITIL4の用語を説明します。

工夫.その3　適切な方法で能力が身に付く

・「記憶」を問われる部分をアンダーラインで示しています。
・「記憶」と「理解」をサポートする具体例を示しています。
・「理解」をサポートする順番で解説しています。

工夫.その4　効率よく能力が定着する

・各節末に復習チェックリストを用意しました。
・章の内容を総復習する章末問題を用意しました。

3.1　利害関係者用語 40
3.2　業務周辺用語 45
3.3　価値周辺用語 50
3.4　サービス周辺用語 53
3.5　章末問題　その1 60
3.6　章末問題　その2 63

第3章 ITIL4の関連用語

例示紹介する内容

本章では「Axle Car Hire社」というレンタカー会社の日本法人「アクサル・レンタカー社」をサービス・プロバイダとした例で説明をします。「Axle Car Hire社」はITIL4公式書籍の「ユーザーガイダンス」に用いられている例ですので、「ユーザーガイダンス」を読み解く際にもイメージをご活用いただけると思います。

ITIL4関連用語の本書上の分類

本書では理解しやすいようにITIL4の用語を「利害関係者用語」「業務周辺用語」「価値周辺用語」「サービス周辺用語」の4つに分類して紹介します。

なお、この分類はITIL4公式書籍の分類ではありません（ITIL4公式書籍では、用語の分類をしていません）。

3.1 利害関係者用語

図3.1-1で「利害関係者用語」同士の関係性を理解しましょう。

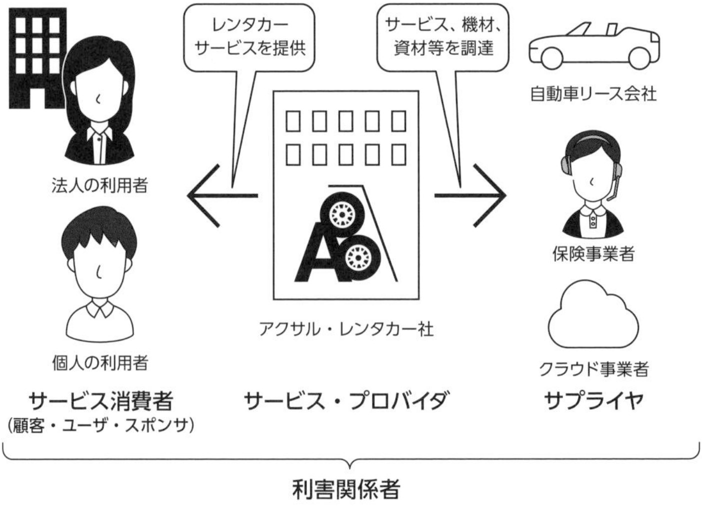

図3.1-1　利害関係者用語の関係図

サービス・プロバイダ

▶サービス関係の中でサービス消費者にサービスを提供するうえで、組織が果たす役割

サービスを提供する組織のこと（正確にはサービスを提供する組織が果たす役割）です。**内部組織**（サービス・プロバイダとサービス消費者が同一組織）の場合は**内部サービス・プロバイダ**と呼ばれます、社内の情報システム部門をイメージしてください。**外部組織**（サービス・プロバイダとサービス消費者が異なる組織）の場合は**外部サービス・プロバイダ**と呼ばれます、社外のサービスを社内で利用する場合、社外のサービス・プロバイダが外部サービス・プロバイダに該当します。「サービス関係（3.4.1）」や「サービス消費者（3.1）」という用語は後のページに出てきます。

例えると》》 アクサル・レンタカー社

サプライヤ

▶組織で使用されるサービスを提供する責任を負った利害関係者

サービスに組み込まれている「サービス、機材、資材など」を提供する組織のことです。なお、「パートナ」という用語が横並びで出てきますが、ITIL4ファンデーション試験では「パートナ」の詳細は問われませんので本書では説明を割愛します。

例えると》》 レンタカーとして利用する車を提供している自動車リース会社、レンタカーと共に契約される保険の事業者、レンタカー予約アプリのシステム基盤を提供しているクラウド事業者

サービス消費者

▶顧客、ユーザおよびスポンサなど、サービス消費に伴うより具体的な役割がある。これらの役割は、単独で使用される場合もあれば、組み合わせて使用される場合もある

サービス消費者は人（個人）がなる場合と組織（法人など）がなる場合があります。**サービス消費者は「顧客」「ユーザ」「スポンサ」に分けられます**。これらはすべて「**役割**」と呼ばれます。**サービス消費者の各役割は状況により変わります。また、兼務する場合があります**。

例えると》》 個人または法人のレンタカー利用者

サービス消費者 - 顧客

▶サービスの要件を定義し、サービスを消費した成果に対して責任を負う役割

サービスの要件（どんなサービスが欲しいか）を決める役割です。合意された通りのサービスが提供されたにもかかわらず、目的を達成できなかった場合（サービスの要件が誤っていた場合）その**責任は顧客にもあります。**

例えると》》 契約するレンタカー会社をアクサル・レンタカー社に決め、契約するプランやオプションを決める個人または法人。オシャレに引っ越ししたいとスポーツカーを借りたとして、荷物が載らなくてトラックを借りるべきだったと後悔しても、それはスポーツカーを借りると決めた顧客の責任である

深く理解：顧客の役割とサービス・プロバイダ

「顧客はサービスの要件を定義し、成果に対して責任を負う」という顧客の定義について、サービス・プロバイダは何をするのか疑問を持つ方がいると思います。

顧客はサービスに求める要件を最終的に判断し、意思決定する責任があります。一方で、サービス・プロバイダは顧客の成果や課題をよく理解して適切な提案をするなど、時には顧客の誤った考え方を正すようなアドバイスをする必要があります。

サービス消費者 - ユーザ

▶サービスを利用する役割

サービスを利用する役割です。

例えると》》 レンタカーを借りて利用する個人または法人

サービス消費者 - スポンサ

▸ サービス消費の予算を承認する役割

サービスを消費するうえで使用する予算を承認する役割です。「サービスを消費するうえで使用する予算」は「サービス・プロバイダがサービスを提供するために使用する予算」と混同しがちなので、注意しましょう。

例えると 》 レンタカーの利用にお金を支払うことを決める個人または法人

深く理解： サービス消費者の役割は状況により変わり、兼務する場合がある

サービス消費者の各役割は状況により変わります。また、兼務する場合があります。例えば、ある家族の父親がレンタカーを借りて家族旅行をしようとするとき、父親が自らレンタカー会社や車種を決め、利用料を支払い、利用したとします。この場合、父親は「顧客」と「スポンサ」、「ユーザ」を兼務します。

一方で子供がレンタカーを借りて旅行をしようとするとき、父親がレンタカー会社や車種を決めて契約し、母親がレンタカー利用料の支払いをしたとします。この場合、父親は「顧客」であり、母親は「スポンサ」であり、子供が「ユーザ」となります。同じ家族でも状況によって役割が変わるのです！（**図3.1-2**）

顧客	スポンサ	ユーザ
父親	父親	父親

顧客	スポンサ	ユーザ
父親	母親	子供

図3.1-2　サービス消費者の役割

利害関係者

▶組織、製品、サービス、プラクティスまたはその他のエンティティに関心がある、または関与している個人または組織

定義は広く、サービスに関与する人だけではなく、関心がある人まで含まれます。**登場人物はすべて利害関係者になります**。

例えると》 サービス消費者、サービス・プロバイダ、サプライヤだけでなく、アクサル・レンタカー社の内定者や株主、レンタカーサービス利用を検討中の人…など、登場する人や組織全員

復習 3.1 達成したら☑をいれよう！

□ 「利害関係者用語」同士の関係性を理解する。

□ サービス消費者は「顧客」「ユーザ」「スポンサ」の「役割」に分けられることを記憶する。

□ サービス消費者の役割は状況により変わること、兼務する場合があると理解する。

□ 「顧客」「ユーザ」「スポンサ」の定義を記憶する。

□ 「利害関係者」は登場人物すべてであると理解する。

3.2 業務周辺用語

図3.2-1で「業務周辺用語」同士の関係性を理解しましょう。

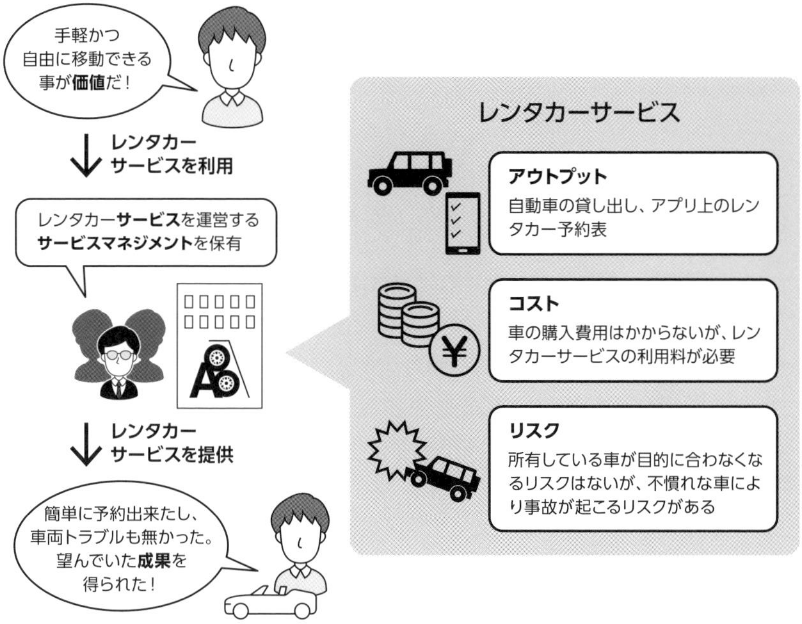

図3.2-1　業務周辺用語の関係図

サービス

▸**顧客が特定のコストやリスクを管理することがなく、望んでいる成果を得られるようにすることで、価値の共創を可能にする手段**

定義の中にまだ本書に登場していない用語がたくさん含まれています。現時点では日常生活で言われる**「サービス＝無償で奉仕的な活動」ではない**と理解してください。サービスについては「3.4　サービス周辺用語」でもう少し詳しく解説します。

例えると》》 レンタカーサービスという自動車が借りられるサービス

サービスマネジメント

▶顧客にとっての価値をサービスの形で実現する、組織の専門能力の集まり

サービスマネジメントとはサービスを運営する**能力**であることを記憶しましょう。

例えると》》 レンタカーサービスを運営する能力

価値

▶認識されている便益、便利さおよび何らかの重要性

サービス消費者が認識していなければそれは価値ではありません。より良いサービスをつくるために、価値に対する感じ方などを**サービス消費者はサービス・プロバイダにフィードバックをするなど協力**し合う必要があります。価値については「3.3　価値周辺用語」も参照してください。

例えると》》 レンタカーによって、手軽かつ自由に移動できること

成果

▶１つまたは複数のアウトプットによって可能になる利害関係者にとっての結果

「成果」と「価値」はよく混同されます。「**成果を促進すると価値になる**」と関係性を理解しましょう。

例えると》》 簡単にレンタカー予約ができたこと、車両のトラブルが無く旅行ができたこと

深く理解：価値は受け手によって異なる

価値は受け手が決めるものであり、受け手によって異なります。例えば、「廃油で走る車」を貸し出す新サービスが始まったとして、環境意識が高い人は価値と感じるかもしれません。しかし、利用者によっては旅先で燃料が手に入りにくいという理由で価値と感じないかもしれません（**図3.2-2**）。

図3.2-2　価値は受け手によって異なる

アウトプット

▸活動の有形または無形の提供物

活動により提供されるものです。電子データなど、**形が無いこともあります**。

例えると 自動車の貸し出し、アプリ上のレンタカーの予約表

コスト

▸特定の活動またはリソースに費やされた金銭の額

費やされた時間もコストですが、作業時間に応じて原価（金銭）が発生すると考えましょう。

リスク

▸損害や損失を引き起こす、または達成目標の実現をより困難にする可能性があるイベント。成果の不確実性と定義することもでき、プラスの成果とマイナスの成果の確率測定（起こりやすさ）に関連して使用できる

リスクというとネガティブなイメージをお持ちでしょうが、言葉としては「**起こるか起こらないかわからないこと**」を意味します。「売り上げが増加するリスク」と

いう文章も正しいので、設問文で見かけても驚かないようにしましょう。

深く理解：成果、コストおよびリスク

　サービスとは必ずしもメリットだけを得られるものではありません。サポートされる成果もあれば、マイナスの影響を受ける成果もあります。また、コストとリスクはサービスによって**取り除かれるものと、課されるものの2種類**があります。**取り除かれるコストやリスク**はサービス消費者にとっての**価値の一部**と言えます。**マイナスの効果よりプラスの効果の方が大きい場合にのみ価値があるとみなされる**ことも理解しましょう（**図3.2-3**）。

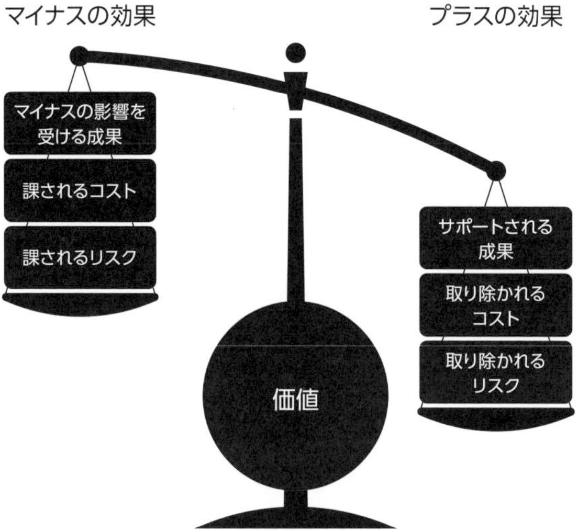

図3.2-3　価値の獲得：成果、コストおよびリスク

①コストには以下の２種類があります。

（ｉ）サービスによって消費者から**取り除かれるコスト**

例えると》》 車の購入費用、自動車税、車を車検に持ってゆく時間

（ii）サービスによって消費者に**課されるコスト**

例えると》》 レンタカーサービスの利用料、レンタカー会社までの往復時間

②リスクには以下の２種類があります。

（i）サービスによって消費者から**取り除かれるリスク**

例えると》》 使おうと思ったタイミングでバッテリーが上がっているリスク、育児や介護などで所有している車が目的に合わなくなるリスク

（ii）サービスによって消費者に**課されるリスク**

例えると》》 不慣れな車を運転することで事故が起きるリスク、急な予定変更でキャンセル料が発生するリスク

復習 3.2 達成したら✔をいれよう！

□ 「業務周辺用語」同士の関係性を理解する。

□ 「サービス」「サービスマネジメント」「価値」「成果」「アウトプット」「コスト」「リスク」の定義を記憶する。

□ サービス消費者が認識していなければ価値ではないことを理解する。

□ 価値は受け手によって異なることを理解する。

□ 「取り除かれるコストやリスクはサービス消費者にとっての価値の一部である」こと、「マイナスの効果よりプラスの効果の方が大きい場合にのみ価値があるとみなされる」ことを理解する。

□ 2種類のコストとリスクを理解する。

3.3 価値周辺用語

図3.3-1で「価値周辺用語」同士の関係性を理解しましょう。**「有用性」とすべての「保証」を兼ねそなえると価値につながります。**

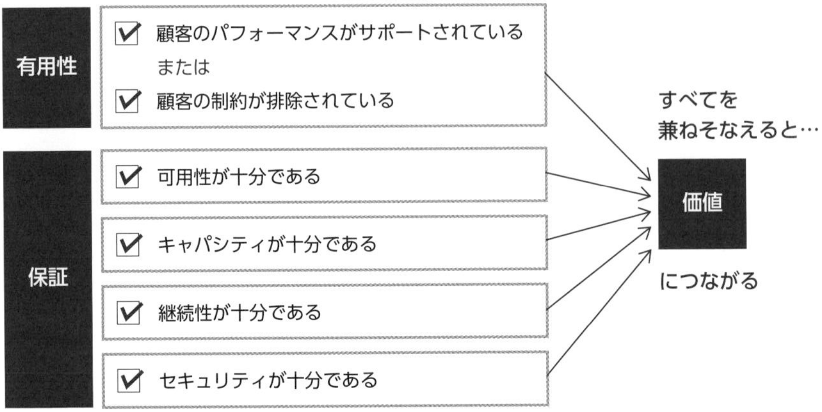

図3.3-1　価値周辺用語の関係図

有用性

▸特定のニーズを満たすために製品またはサービスによって提供される機能。サービス消費者のパフォーマンスをサポートするか、制約を取り除くかのどちらかまたは両方を満たしている必要がある

有用性は目的適合性とも言われます。**サービス消費者の効率や生産性（パフォーマンス）を向上させるか、サービス消費者が目的達成を妨げる障壁（制約）を取り除くか**、のどちらかまたは両方ができている必要があるということです。また、**有用性は機能**であることを記憶しましょう。

例えると》》 有用性が満たされているとは、サービス消費者のニーズを満たすレンタカーを用意していることである

保証

▸製品またはサービスが合意済みの要件を満たすことに対する確約

保証は使用適合性とも言われます。**サービスが合意された利用要件を満たしているか**ということです。

▸保証は、可用性、キャパシティ、セキュリティ、および継続性に関して顧客が求める条件がすべて満たされている必要がある

保証は以下4つ「可用性」「キャパシティ」「セキュリティ」「継続性」の条件**すべてを満たしている必要**があります。有用性は「パフォーマンスをサポートする」または「制約を取り除く」のどちらかで構いませんが、**保証は４つの要素どれかがひとつ欠けても成り立ちません。**

可用性

可用性が十分であるとは、使えると合意された期間中に使えるということです。

例えると》》 可用性が十分であるとは、営業時間内にレンタカーが借りられるということである

キャパシティ

キャパシティが十分であるとは、使えると合意された許容量を受け入れられるということです。

例えると》》 キャパシティが十分であるとは、レンタカーの台数が十分に確保されているということである

セキュリティ

セキュリティが十分であるとは、情報の安全が確保されるということです。

例えると》》 セキュリティが十分であるとは、利用者の個人情報などが保護されるということである

継続性

継続性が十分であるとは、災害や危機が発生し、利用できなくなっても、合意された時間内に復旧するということです。

例えると》 継続性が十分であるとは、地震や未知の感染症などが発生しても、レンタカーサービスが復旧するということである

復習 3.3 達成したら☑をいれよう！

- □ 「有用性」とすべての「保証」を兼ねそなえると「価値」につながることを理解する。
- □ 「有用性」「保証」の定義を記憶する。
- □ 「保証」の4つの要素が「可用性」「キャパシティ」「セキュリティ」「継続性」であると記憶する。

3.4 サービス周辺用語

サービス（再掲）

▸顧客が特定のコストやリスクを管理することなく、望んでいる成果を得られるようにすることで、価値の共創を可能にする手段

ここで改めてサービスの定義を確認しましょう。**図3.4-1**の例を用いた説明も併せて確認してください。一つひとつの用語がわからない場合は、前のページに戻って確認してください。

ITIL4で重要な考え方**「共創」**という考え方が出てきました。**サービス・プロバイダとサービス消費者は価値を共に創ります**。

アクサル・レンタカー社のレンタカーサービスによって、
サービス

顧客は車の購入費用を支払うことなく、レンタカー利用料だけで
特定のコストやリスクを管理することなく

車を借りて自由に移動できる。
望んでいる成果を得られる

顧客はレンタカーサービスをより良いものにするために利用後のアンケートに回答し、アクサル・レンタカー社はその結果を元にレンタカーサービスの改善を行う。
価値の共創

図3.4-1　サービスの定義を例で説明

3.4.1　サービス関係モデル

サービス関係モデル

▸サービス消費者は新規または修正済みのリソースを使用して独自の製品を作り出すことにより、別の対象消費者グループのニーズに対応することができるので、結果としてサービス・プロバイダとなる

図3.4-2のモデルを**サービス関係モデル**と呼びます。図に含まれる用語の関係性を理解しましょう。また、**サービス・プロバイダとサービス消費者という立場は状況により変わる**ということを理解しましょう。

例えると》 アクサル・レンタカー社が、自動車リース会社から車をリース契約により仕入れて、レンタカーとして利用者に貸し出すとき、自動車リース会社から見るとアクサル・レンタカー社はリースサービスの消費者である。一方、レンタカーサービスの利用者にとって、アクサル・レンタカー社はレンタカーサービスを提供するサービス・プロバイダである

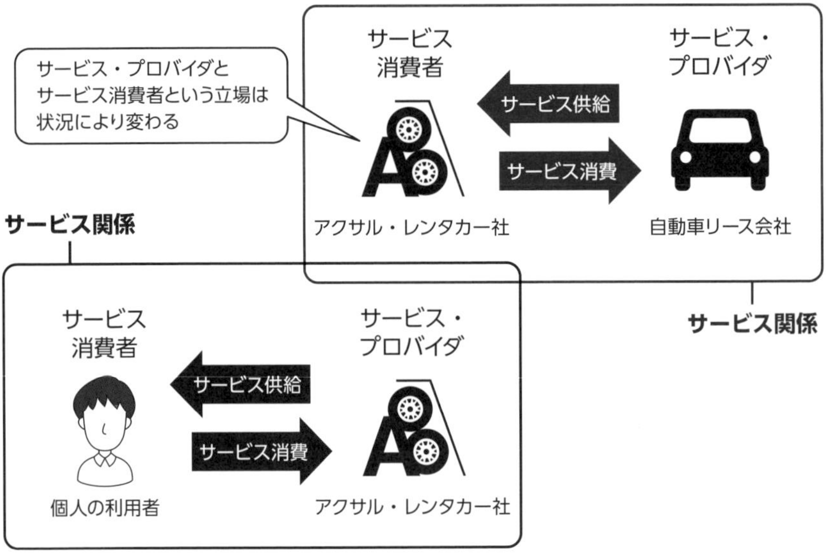

図3.4-2　サービス関係モデル

サービス関係

- サービス・プロバイダとサービス消費者の間の協力関係。サービス供給、サービス消費およびサービス関係管理が含まれる

サービスを供給し、消費し、価値を共に作る関係のことです。

例えると》 自動車リース会社とアクサル・レンタカー社との関係、アクサル・レンタカー社と個人の利用者との関係

サービス供給

▶サービスを供給するために実施する活動。サービスを提供するために構成されたプロバイダのリソースの管理、ユーザがこれらのリソースに確実にアクセスできるようにすること、合意済みのサービス活動の履行、サービスレベル管理、継続的改善が含まれる。さらに、商品の供給が含まれる場合もある

例えると》》 アクサル・レンタカー社は個人の利用者にレンタカーを供給するために、レンタカーを整備したり、レンタカープランを作ったりする

サービス消費

▶サービスを消費するために実施する活動。これには、サービスを 使用するために必要な（サービス）消費者のリソース、ユーザが実施するサービス活動、さらに必要な場合は商品の受け取り（入手）が含まれる

例えると》》 個人の消費者はアクサル・レンタカー社からレンタカーを借りるために、予約したり、来店したりする

サービス関係管理

▶合意済みの利用可能なサービス提供物に基づいて継続的な価値の共創を確実にするために、サービス・プロバイダとサービス消費者が共同で行う活動

例えると》》 個人の消費者がアクサル・レンタカー社にアンケートで「乗り捨てサービスを希望する」などのフィードバックをする。アクサル・レンタカー社はそのフィードバックを活かして新サービスを検討する

3.4.2 サービス提供物

図3.4-3で「リソース、製品、サービス提供物、サービス消費者のニーズ」の関係性を理解しましょう。**「リソース」を組み合わせることで「製品」をつくり、「製品」を組み合わせて（一部を利用して）「サービス消費者のニーズ」に応じた「サービス提供物」にします**。

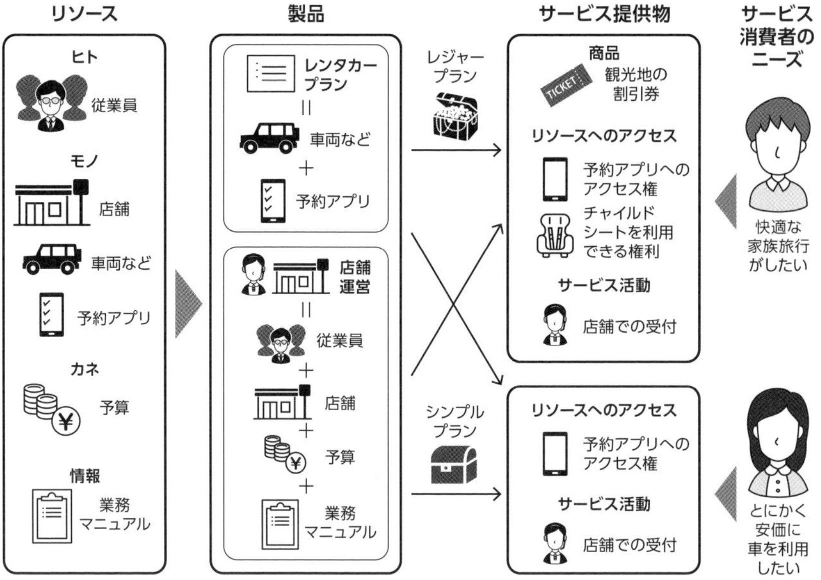

図3.4-3　リソース、製品、サービス提供物、サービス消費者のニーズの関係図

リソース

▸活動の実施または達成目標の実現に必要な要員、資材、財源、その他のエンティティ。組織が使用するリソースは、組織によって所有されている場合もあれば、リソースの所有者から合意を得て使用される場合もある

サービスを提供するために使うもの、いわゆる**ヒト・モノ・カネ・情報などを指します**。

例えると》》》 アクサル・レンタカー社の従業員、レンタカー貸出をする店舗、レンタカーとして貸し出す車両やチャイルドシートなど、レンタカー予約アプリ、アクサル・レンタカー社の年間予算、業務マニュアル

製品

▸（サービス）消費者に価値を提供できるように設計された、組織のリソースの構成

サービスを提供するために、リソースを構成して（組み合わせて）製品をつくります。なお、つくられた製品のすべてがサービスを提供するために利用されるわけではありません。

例えると》》 レンタカープラン＝車両など＋予約アプリ、店舗運営＝従業員＋店舗＋予算＋業務マニュアル

サービス提供物

▸対象とする消費者グループのニーズに対処することを目的とした、1つまたは複数のサービスについての形式的な説明。サービス提供物には、商品、リソースへのアクセス、サービス活動などが含まれる

サービスを提供するために使う、**製品の組み合わせ**です。**サービス提供物は具体的なサービス消費者のニーズを満たすように組み合わせることが大切です**。**サービス提供物には商品、リソースへのアクセス、サービス活動などが含まれます**。なお、準備されたすべての製品がサービスを提供するために使われるわけではありません。

例えると》》 レンタカーサービスに含まれるもの。観光地で使える割引券やチャイルドシートを利用できる権利、店舗での受付など。家族のレジャー目的でレンタカーを借りる個人のサービス消費者は観光地で使える割引券やチャイルドシートに魅力を感じるかもしれないが、ビジネス目的でレンタカーを借りる法人のサービス消費者のニーズを満たすことができない恐れがある

サービス提供物-商品

▸サービス・プロバイダからサービス消費者に渡される、または渡すことができる有形リソース。オーナシップに加えて、関連づけられている権限と責任もサービス消費者に移管される

サービスを提供するために商品を提供する場合があります。**商品の所有権がサービス消費者に移管されることに伴って発生する権限と責任も同時に移管**されます。

例えると》》 アクサル社のロゴ入りウェットティッシュ（ノベルティグッズ）、観光地で使える割引券。レンタカーを借りると提供され、サービス消費者は自由に使えるが、なくした場合はサービス消費者の責任となり、再度提供されない

サービス提供物 - リソースへのアクセス

▶合意した条件に基づき消費者に付与または許可されるリソースへのアクセス。リソースは引き続きプロバイダのコントロール下に置かれ、合意したサービス消費期間中にのみ消費者がアクセスできる

サービス提供のために、サービス消費者にリソースへのアクセスを許可することです。**リソースそのものの所有権はサービス・プロバイダが持ち続けます**。

例えると》》 チャイルドシートを利用できる権利や予約アプリへのアクセス権（予約アプリ自体はアクサル・レンタカー社のコントロール下に置かれ、サービス消費者には予約アプリへアクセスする権利が与えられる）

サービス提供物 - サービス活動

▶サービスのアウトプットをユーザに提供するために必要なすべての活動。サービス活動は、サービス・プロバイダのリソース、サービス・ユーザ、またはその両者の協力によって実施される

サービス消費者のニーズに対応するために実行される活動です。サービス消費者との合意に従って、サービス・プロバイダにより実行されます。

例えると》》 レンタカー店舗での受付や洗車、返却時の対応

復習 3.4 達成したら☑をいれよう！

□ 「サービス」の定義を理解する。

□ 「共創」について、サービス・プロバイダとサービス消費者は価値を共に創ることを理解する。

□ 「サービス関係モデル」に含まれる用語の関係性を理解する。

□ サービス・プロバイダとサービス消費者という立場は状況により変わることを理解する。

□ 「リソース」「製品」「サービス提供物」「サービス消費者のニーズ」の関係性を理解する。

□ 「サービス提供物」には「商品」「リソースへのアクセス」「サービス活動」が含まれることを理解する。

□ 「商品」の移管に伴って役割と責任もサービス消費者に移管されることを理解する。

3.5 章末問題　その1

設問

設問 1/2

サービスの価値に関する記述として、最も適切なものはどれですか？

A サービスによって取り除かれるコストやリスクはサービス消費者にとっての価値の一部である

B サービスの価値は受け手が決めるものであり、すべてのサービス消費者に不変的な価値がもたらされる

C 最も多くのサービス料金を支払ったサービス消費者が、最も大きな価値を受け取るべきである

D 「1つまたは複数のアウトプットによって可能になる利害関係者にとっての結果」と定義される

設問 2/2

利害関係者に関連する記述で最も適切なものはどれですか？

A それぞれのサービス消費者に与えられた役割は常に固定的なものである

B サービスがもたらす成果に対して、サービス・プロバイダのみが責任を負う

C 一般的に内部サービス・プロバイダの方が外部サービス・プロバイダよりも大きな価値をもたらす

D サプライヤはサービスに組み込まれているサービス、機材、資材などを提供する組織のことである

解説

□ □ □ □ □
1 2 3 4 5

設問 1/2

サービスの価値に関する記述として、最も適切なものはどれですか？

A サービスによって取り除かれるコストやリスクはサービス消費者にとっての価値の一部である

→正しい選択肢です。

B サービスの価値は受け手が決めるものであり、すべてのサービス消費者に不変的な価値がもたらされる

→価値とは、受け手が決めるものであり、受け手によって異なります。「価値は受け手が決めるもの」（受け手によって変わるもの）と記述がありますが、同時に「もたらされる価値は不変的である」（受け手にかかわらず変わらないもの）と記述されており、そもそも矛盾があります。選択肢内に矛盾があるなど、選択肢自体が論理的に破綻していないか確認しましょう。

C 最も多くのサービス料金を支払ったサービス消費者が、最も大きな価値を受け取るべきである

→「料金の大小と価値の関係性」についての記述は、ITILにはありません。選択肢の中にITIL的に正しくない記述がないか確認しましょう。

D 「1つまたは複数のアウトプットによって可能になる利害関係者にとっての結果」と定義される

→これは「成果」の定義です。選択肢の記述自体は正しいですが、問われている分野とは異なる内容のものではないか確認しましょう。

正解：A　難易度：中　本文：3.2　業務周辺用語

「価値」についてのポイントを確認すると共に、**誤り選択肢のパターン例を把握しましょう**。

□ □ □ □ □
1 2 3 4 5

設問 2/2

利害関係者に関連する記述で最も適切なものはどれですか？

A それぞれのサービス消費者に与えられた役割は常に固定的なものである

→サービス消費者の各役割は状況により変わります。また、兼務する場合があります。

B サービスがもたらす成果に対して、サービス・プロバイダのみが責任を負う

→顧客とは「サービスの要件を定義し、サービスを消費した成果に対して責任を負う役割」です。顧客はサービスに求める要件を最終的に判断し、意思決定する責任があります。一方で、サービス・プロバイダは顧客の成果や課題をよく理解して適切な提案をしたり、時には顧客の誤った考え方を正すようなアドバイスをしたりする必要があります。

C 一般的に内部サービス・プロバイダの方が外部サービス・プロバイダよりも大きな価値をもたらす

→サービス・プロバイダには「内部サービス・プロバイダ」と「外部サービス・プロバイダ」の二種類が存在しますが、両者がもたらす価値の大きさについて、一般的な優劣はITILに記述されていません。

D サプライヤはサービスに組み込まれているサービス、機材、資材などを提供する組織のことである

→正しい選択肢です。

正解：D　難易度：中　本文：3.1　利害関係者用語

この設問は、利害関係者に関連する重要ポイントをまとめました。詳細は本文に戻って確認してください。

3.6 章末問題　その2

「とある企業の情報システム部が社内に勤怠管理サービスを提供している（**図3.6-1**）」という例で、それぞれの用語に当てはまる内容を考えてみましょう。

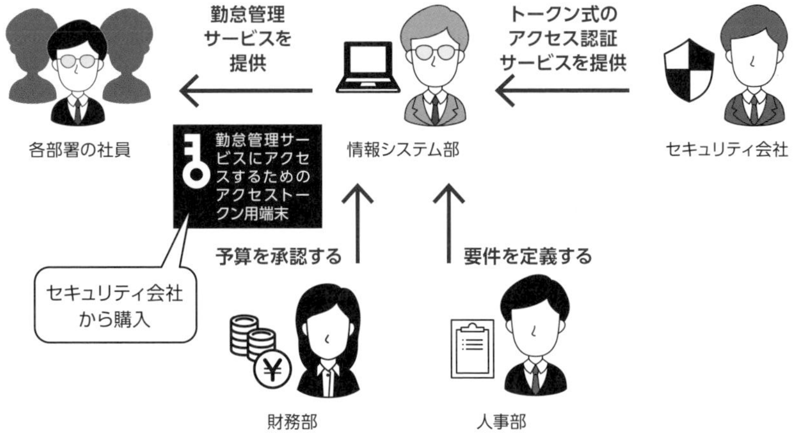

図3.6-1　章末問題補足図

解答記入用

用語		具体例（解答記入用）
利害関係者用語		
サービス・プロバイダ		
サプライヤ		
サービス消費者	顧客	
	ユーザ	
	スポンサ	
利害関係者		
業務周辺用語		
サービス		
サービスマネジメント		
価値		
成果		
アウトプット		
コスト	サービスによって消費者から**取り除かれる**コスト	
	サービスによって消費者に**課される**コスト	
リスク	サービスによって消費者から**取り除かれる**リスク	
	サービスによって消費者に**課される**リスク	
価値周辺用語		
有用性が満たされている		
保証	可用性が十分	
	キャパシティが十分	
	継続性が十分	
	セキュリティが十分	
サービス周辺用語		
サービス関係		
サービス提供物	商品	
	リソースへのアクセス	
	サービス活動	

▌解答例

用語		具体例（解答例）
利害関係者用語		
サービス・プロバイダ		情報システム部（勤怠管理サービスを提供する）
サプライヤ		セキュリティ会社（勤怠管理サービスで利用する、ユーザ認証サービスを提供する）
サービス消費者	顧客	人事部（勤怠管理サービスの要件を定義する）
	ユーザ	各部署の社員（勤怠管理サービスを利用する）
	スポンサ	財務部（勤怠管理サービスに必要な予算を承認する）
利害関係者		登場する人や組織全員
業務周辺用語		
サービス		勤怠管理サービス
サービスマネジメント		勤怠管理サービスを運営する能力
価値		正確な勤怠管理ができることで、ワークライフバランスの推進や、労務上のコンプライアンスが守られること
成果		簡単に勤怠報告や休暇の申請等が出来たこと
アウトプット		勤務時間表、休暇申請フォーマット
コスト	サービスによって消費者から**取り除かれる**コスト	紙申請をやめることで使わずに済んだ紙の代金、手動集計をしていた時にかかっていた稼働費用
	サービスによって消費者に**課される**コスト	システム利用料（情報システム部の稼働費用等、間接的にユーザが負担する）
リスク	サービスによって消費者から**取り除かれる**リスク	勤怠が記録されたタイムカードを紛失するリスク（勤怠管理サービスによってタイムカードは廃止された）
	サービスによって消費者に**課される**リスク	システムの脆弱性により、社員情報が漏洩するリスク
価値周辺用語		
有用性が満たされている		勤務時間の自動集計や休暇の電子申請等、利用者のための機能が実装されている
保証	可用性が十分	勤怠管理サービスの利用可能時間とされている期間に利用ができる
	キャパシティが十分	アクセス集中する月末にも、通常通り勤怠関連の作業ができる
	継続性が十分	火災やテロ等が発生しても、合意された時間内に復旧して利用可能になる
	セキュリティが十分	情報漏洩が発生しないようにされている
サービス周辺用語		
サービス関係		セキュリティ会社と情報システム部の関係、情報システム部と各部署の社員の関係
サービス提供物	商品	勤怠管理サービスにアクセスするための、アクセストークン用端末（ユーザ認証で利用されるトークン用の端末、セキュリティ会社から購入する）
	リソースへのアクセス	勤怠管理サービスへのアクセス権
	サービス活動	FAQ対応

第4章

ITIL4のフレームワーク

ITIL4のフレームワークを説明します。

工夫.その3 適切な方法で能力が身に付く

・「記憶」を問われる部分をアンダーラインで示しています。
・「理解」をサポートする順番で解説しています。

工夫.その4 効率よく能力が定着する

・各節末に復習チェックリストを用意しました。
・章の内容を総復習する章末問題を用意しました。

4.1 全体像……68
4.2 サービスマネジメントの４つの側面……69
4.3 サービス・バリュー・システム……79
4.4 従うべき原則……82
4.5 サービス・バリュー・チェーン……95
4.6 サービス・バリュー・ストリーム……100
4.7 章末問題……103

第4章 ITIL4のフレームワーク

4.1 全体像

図4.1-1にITIL4のフレームワークの全体像を示しました。左が大きい概念、右にゆくにつれて詳細な概念となっています。まずは全体の関係性をつかみましょう。

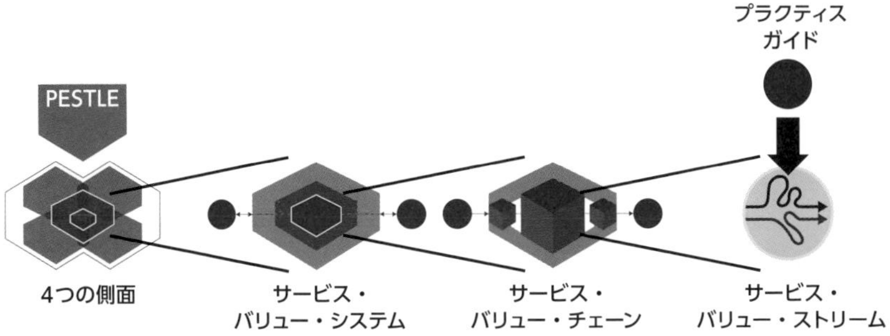

図4.1-1　ITIL4フレームワーク全体像

4.2 サービスマネジメントの4つの側面

1つめのフレームワークは「4つの側面」です（**図4.2-1**）。

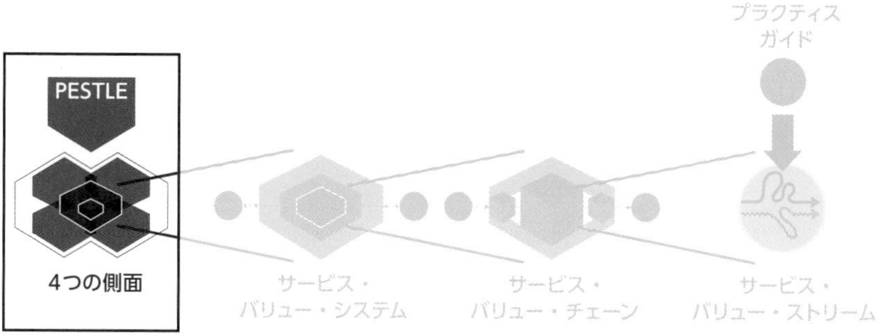

図4.2-1　1つめのフレームワーク：4つの側面

> ▶**サービスマネジメントの包括的なアプローチを支援するために、ITILにはサービスマネジメントの4つの側面が定義されている。製品およびサービスという形で顧客およびその他の利害関係者にとっての価値を効果的かつ効率的に促進するには、それらを総合的に検討することが不可欠である**

4つの側面（**図4.2-2**）はサービス・プロバイダが考慮すべき4つの要素（**1.組織と人材、2.情報と技術、3.パートナとサプライヤ、4.バリューストリームとプロセス**）を表しています。中心がビジネスに必要な要素で、それを「PESTLE」が取り巻いています。「PESTLE」とはPEST分析で有名なPESTをさらに進化させたもので、会社を取り巻く外部要因の頭文字（Political：政治的要因、Economic：経済的要因、Sociological：社会的要因、Technological：技術的要因、Legal：法的要因、Environmental：環境的要因）をとったものです。

包括的（Holistic）なアプローチとは全体を構成要素の集まりではなく、**全体を1つのものであると捉える**考え方です。**4つの側面はそのすべてを検討することが重要**です。

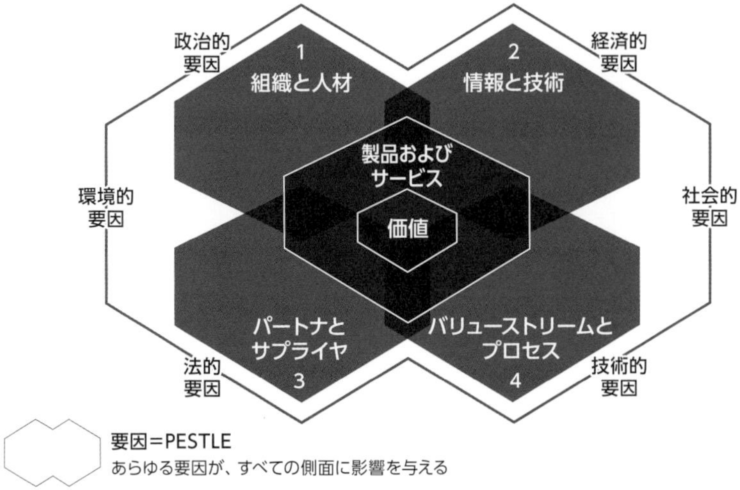

図4.2-2　4つの側面

深く理解：包括的（Holistic）なアプローチ

苺のショートケーキを見て「生クリームとスポンジと苺が集まったものだ！」と言う人はいません。包括的とは、きちんと「苺のショートケーキだ！」と捉えることです。「包括的なアプローチ」とは、まずは全体を把握したうえで、構成する要素そのものや関係性を把握するというアプローチのことです（**図4.2-3**）。

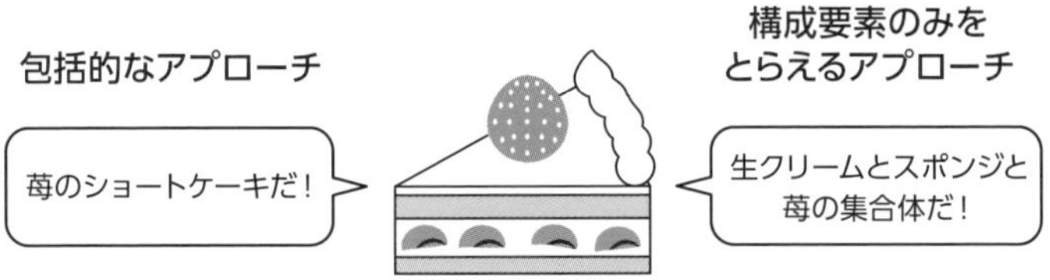

図4.2-3　包括的なアプローチ

深く理解： 4つの側面すべてを検討することが重要

特に何かを変えようと思う時は必ずこの4つの側面をすべて総合的に検討することが不可欠です。例えばツールの導入を検討するとき、「情報と技術」の側面としてそのツール自体を吟味するだけでは十分ではありません。「バリューストリームとプロセス」の側面としてそのツールがプロセスに沿っているかどうかを検討すること、「組織と人材」の側面としてツールを扱うスキルをどのように身に付けてもらうのかを検討すること、「パートナとサプライヤ」の側面としてツールのサポートやカスタマイズをどのように受けるのかを検討することなど、すべての側面から総合的に検討する必要があります（**図4.2-4**）。

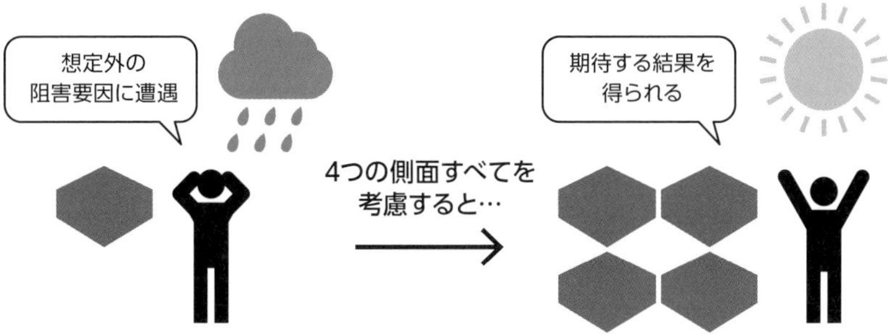

図4.2-4　4つの側面すべての考慮が重要

▌4つの側面の構成要素

4つの側面は**「1.組織と人材、2.情報と技術、3.パートナとサプライヤ、4.バリューストリームとプロセス」**から構成されます。ITIL4ファンデーション試験で**頻出の要素には解説を入れています**（**図4.2-5**）。

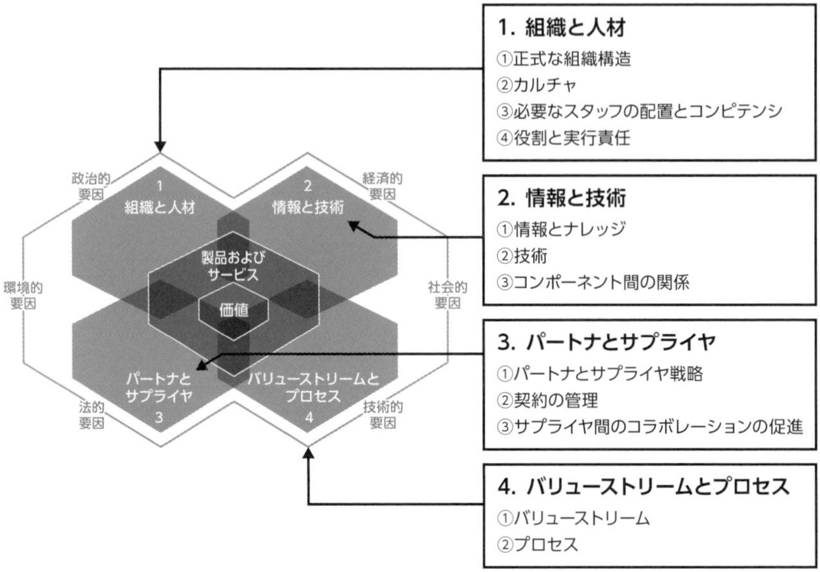

図4.2-5　4つの側面の各要素

4.2.1　組織と人材

人材がスキルを身に付け、価値創出という共通の達成目標に向かって、**サイロ（縦割り組織）を突き崩す**ことが大切です。ITIL4は共創といった**組織間の連携を重要視**しています。そのため、どのようにして**サイロを突き崩すかが重要**なポイントになります。

①正式な組織構造

権限構造や権限システムなどです。

②カルチャ

> **カルチャ**
>
> ▸人々の集団で共有される一連の価値観

カルチャとは、明文化されていませんが**行動様式として定着**しているものです。例えば、失敗を極端に避けたり、反対に挑戦を歓迎したりする、その**組織特有の文化**のことです。**カルチャを変えるためには行動を変える**必要があることも理解しましょう。

③必要なスタッフの配置と**コンピテンシ**

コンピテンシとは個人の**スキル・行動特性のこと**です。スキル不足は不安と抵抗を生むことも理解しましょう。

④役割と実行責任

役割と実行責任が曖昧だと、タスクの放置や連携漏れが発生する恐れがあります。

4.2.2　情報と技術

活動やプラクティスのインプットおよびアウトプットを支援する、サービスマネジメントに必要な情報、知識および技術です。

①情報とナレッジ

「サービスによって管理される情報や、サービス提供をするためのナレッジ」「異なるサービスおよびサービス・コンポーネント間での情報交換」「情報セキュリティの考慮」について検討することです。**情報セキュリティの考慮が「情報と技術の側面」に含まれる**ことを記憶しておきましょう。

②技術

サービスマネジメントを支援する「ワークフローマネジメントや分析ツール、クラウドソリューションなど」といった**技術**と**ITサービス自体を支援する**「通信システムやデータベース、ブロックチェーンなど」といった**技術**の2種類があることを理解しましょう。また、**技術選択に影響する要素として、カルチャやビジネスの特性が**

あることを理解しましょう。

深く理解：技術選択に影響する要素

技術選択に影響する要素として、カルチャやビジネスの特性があります。カルチャとは、例えば「伝統的なものを好むか先進的なものを好むか」といった傾向のことです。ビジネスの特性とは、例えば「厳格な情報セキュリティの担保が必要な業務は、オープンソースやパブリックサービスが使えない」といったビジネス上の制約条件などです。これらの事情を鑑みて技術を選択してゆくことが重要です。

③コンポーネント間の関係

活動やプラクティスのインプットおよびアウトプットなど、様々なコンポーネント間の関係です。

4.2.3　パートナとサプライヤ

サービスマネジメント活動に関連する他組織との関係や、交わされる契約および合意です。

①パートナとサプライヤ戦略

パートナとサプライヤを利用する戦略に影響する要素として、企業のカルチャがあることを理解しましょう。

深く理解：パートナとサプライヤを利用する戦略に影響する要素

（ｉ）戦略的な視点

組織の中核となるコンピテンシは内部にとどめ、それ以外はすべてアウトソーシングしたり、反対に、極力アウトソーシングしないで自前で実施したりする、といったそれぞれの戦略的な視点のことです。

（ii）企業のカルチャ

長年にわたり確立されたカルチャによる選好は、簡単に変わりません。

（iii）リソースの不足、コストの懸念

足りないリソースを外部委託する。外部委託した方が安い場合もあります。

（iv）対象分野の専門知識

コンサルティングサービスなど、対象分野の専門知識を社内で開発および維持するよりも、すでに必要な分野の専門知識を備えているサプライヤを利用した方が低リスクであると考える場合があります。

（v）外的制約

各種法令や、業界の自主規制などの影響を受ける場合があります。

（vi）需要パターン

サービスの需要が時間帯や季節などでパターンをもって変動する場合があります。このような場合、サプライヤからリソースを調達した方が効率的な場合があります。

②契約の管理

パートナまたはサプライヤと交わされる契約およびその他合意の管理です。

③サプライヤ間のコラボレーションの促進

サプライヤ同士のコラボレーションを促進します。

4.2.4　バリューストリームとプロセス

バリューストリームとプロセスによって、**サービス消費者と合意済みの達成目標を実現するために必要な「活動、ワークフロー、コントロールおよび手順」を定義します**。価値の創出を実現するうえで、組織の様々な要素が統合および調整されたかたちでどのように機能するかに関連しています。

バリューストリームとは需要／機会から価値までのエンドツーエンド（始まりから終わりまで、経路全体）です。**プロセスはその中のタスクの順番や手順などを定義したもの**です。

①バリューストリーム

> ▶製品やサービスを創出し、サービス消費者に提供するために組織が使用する一連のステップ

例えば「レンタカー予約アプリのトラブル発生から復旧まで」など、**機会/需要から価値までのエンドツーエンド（始まりから終わりまで、経路全体）のこと**です。バリューストリームについては「4.6　サービス・バリュー・ストリーム」も参照してください。

②プロセス

> ▶インプットをアウトプットに変換する、相互につながりがあるまたはやり取りにする一連の活動

例えば「レンタカー予約アプリのトラブル発生から復旧まで」という場面の中に含まれる「トラブル検知を確実に実施するというタスク」の**順番や手順などを定義したもの**です。

プロセスと、プラクティス（「4.3　④プラクティス」参照）を混同しないようにしましょう。

ちょっと一息　4つの側面をすべて検討せず後悔した話

筆者は多くの場面で「４つの側面からすべてを総合的に検討することが不可欠である」ということを実感してきました。ここでは一つのエピソードを紹介します。

筆者があるプロジェクトの業務改善コンサルティングを行った時のことです。業務プロセスを分析した結果、確認作業（実行した操作が合っているかを確認する作業）の工数（作業量）が大き過ぎることがわかりました。上位のマネージャたちと検討を重ねた結果、いくつかの確認作業は技術的に安全性が高いことから省略されることが決定され、現場に通達されました。つまり、一部の作業で、確認作業を無くすことで発生するマイナスのリスクよりも、工数が削減されるメリットを取るという判断がされたということです。

しかし、数カ月たっても思うような改善の効果は現れませんでした。不思議に思った筆者が非公式で現場を見学させていただいたところ、省略することを

通達した確認手順が、いまだにこっそりと実施されていたことがわかりました。

現場では協力会社の方々が作業をされていたのですが、協力会社の方々は、今までのように安全性を担保しようと、廃止した確認手順を復活させていました。

後でわかったことですが、この現場の協力会社との契約には、年間のトラブル件数を一定以下にするという内容が含まれていたそうです。このため、現場には安全を最も重視するカルチャ（文化、醸成される雰囲気）が根強くありました。

この失敗は、筆者が「バリューストリームとプロセス」や「情報と技術」ばかりを気にして「パートナとサプライヤ」の要素である契約の管理や、「組織と人材」の要素であるカルチャといった側面を検討しなかったことが原因でした。

復習 4.2 達成したら✔をいれよう！

「4つの側面」全体

- ☐ 包括的なアプローチを理解する。
- ☐ 4つの側面すべてを検討することが重要であると理解する。

4.2.1 組織と人材

- ☐ 人材がスキルを身に付け、価値創出という共通の達成目標に向かって、サイロ（縦割り組織）を突き崩すことが大切であると理解する。
- ☐ 「カルチャ」の定義と、「カルチャを変えるためには行動を変える必要があること」を理解する。
- ☐ 「コンピテンシ」とはスキル・行動特性のことであると理解する。

4.2.2 情報と技術

- ☐ 情報セキュリティの考慮が「情報と技術の側面」に含まれることを記憶する。
- ☐ 技術選択に影響する要素として、「カルチャやビジネスの特性」があることを理解する。

4.2.3 パートナとサプライヤ

- ☐ パートナとサプライヤを利用する戦略に影響する要素として、「企業のカルチャ」があることを理解する。

4.2.4 バリューストリームとプロセス

- □ サービス消費者と合意済みの達成目標を実現するために必要な「活動、ワークフロー、コントロールおよび手順」を定義すると理解する。
- □ 「バリューストリーム」とは需要／機会から価値までのエンドツーエンド（始まりから終わりまで、経路全体）であると理解する。
- □ 「プロセス」とはタスクの順番や手順などを定義したものであると理解する。

4.3 サービス・バリュー・システム

2つめのフレームワークは「サービス・バリュー・システム」です（**図4.3-1**）。

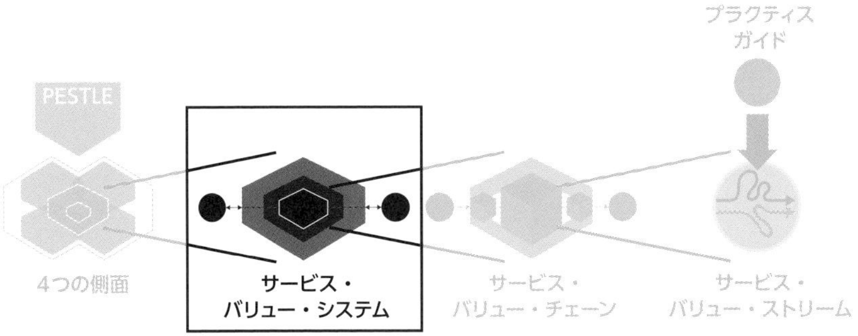

図4.3-1　2つめのフレームワーク：サービス・バリュー・システム

▶**サービス・バリュー・システム（SVSとも記述されます）の目的は、組織が製品およびサービスの使用と管理を通じて、すべての利害関係者と協力し、継続的に価値を共創できるようにすることである**

サービス・バリュー・システムは「価値を生み出す仕組み」とイメージしてください。全員が協力しながらサイロを打ち破り、同じ方向に向かってゆくために必要なことがまとまっています。原則、各サービス・プロバイダに**1つしか存在しないことを記憶しましょう。固定化されたものではなく柔軟性が高く**、様々な手法や技法（アジャイル、リーン、DevOpsなど）を取り込んでゆきます。主な**インプットは機会と需要**で、主な**アウトプットは価値**であることを記憶しましょう。

サービス・バリュー・システムの構成要素

サービス・バリュー・システムは**「①従うべき原則、②ガバナンス、③サービス・バリュー・チェーン、④プラクティス、⑤継続的改善」**から構成されます。構成要素を記憶しましょう（**図4.3-2**）。

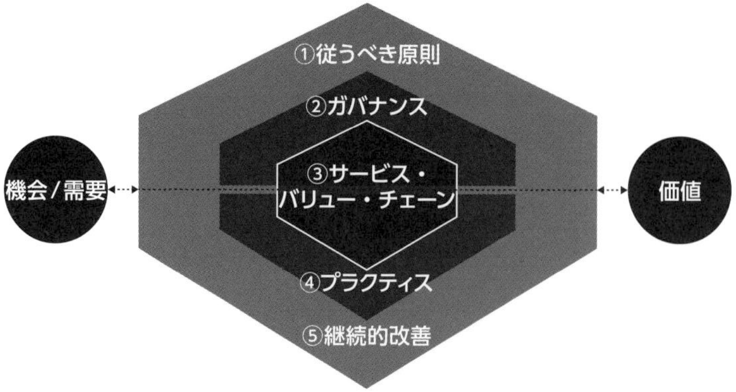

図4.3-2　サービス・バリュー・システム

①従うべき原則

> ▶**最終目標、戦略、業務の種類、管理構造が変化したとしても、あらゆる状況で組織を導くことができる推奨事項**

従うべき原則はとても重要な概念です。次節「4.4　従うべき原則」で取り上げて解説します。

②ガバナンス

> ▶**組織を方向づけ、コントロールする方法**

ITIL4ファンデーション試験では「ガバナンス」の詳細は問われませんので、本書では説明を割愛します。

③サービス・バリュー・チェーン

> ▶**サービス・バリュー・チェーン（SVCとも記述されます）は需要に応えるための主要な活動の概要を示し、製品およびサービスの創造と管理を通じて価値の創出を促進する運用モデルである**

サービス・バリュー・チェーンについては、「4.5　サービス・バリュー・チェーン」を参照してください。

④プラクティス

▶作業の実現や達成目標の実現のために作成された、一連の組織のリソース

リソースと書かれていますが、「リソースを使う能力」の方が日本語のニュアンスに近いといえます。プラクティスガイドがこれを支えます。

⑤継続的改善

▶組織のパフォーマンスが利害関係者の期待に継続的に応えられるように、あらゆるレベルで繰り返して実行される組織の活動

改善はITILの重要な概念です。サービス・バリュー・システム以外にサービス・バリュー・チェーンや管理プラクティス（5.4.1　継続的改善）にも登場します。

復習 4.3 達成したら☑をいれよう！

☐ 「サービス・バリュー・システム」の目的は「組織が製品およびサービスの使用と管理を通じて、すべての利害関係者と協力し、継続的に価値を共創できるようにすること」であると理解する。

☐ 「サービス・バリュー・システム」の特性「各プロバイダに原則1つであること」「柔軟性が高いこと」「インプットは機会と需要でアウトプットは価値であること」を記憶する。

☐ 「サービス・バリュー・システム」の構成要素を記憶する。

4.4 従うべき原則

▸ **組織の目標、戦略、業務の種類、管理構造が変化したとしても、あらゆる状況で組織を導くことができる推奨事項**

サービス・バリュー・システムの構成要素である「従うべき原則」は特に重要です。ITIL4ファンデーション試験の15%は「従うべき原則」から出題されます。なお、各原則の後ろに公式書籍（英語）での呼び方をつけております。英語の呼び方は試験に出ませんが、収まりがよく音のバランスも整っています。英語で覚えて日本語を想起するというやり方もありますので、参考にしてください。

従うべき原則の構成要素

従うべき原則は**「①価値に着目する、②現状からはじめる、③フィードバックをもとに反復して進化する、④協働し、可視性を高める、⑤包括的に考え、取り組む、⑥シンプルにし、実践的にする、⑦最適化し、自動化する」**から構成されます。各構成要素のポイントを理解しましょう（**図4.4-1**）。

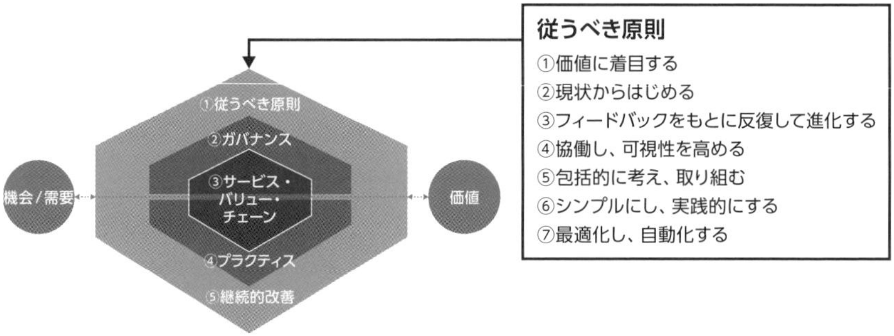

図4.4-1　従うべき原則

4.4.1 ①価値に着目する（Focus on value）

▸ **組織が実施するすべての活動が、組織、その顧客、およびその他の利害関係者にとっての価値に、直接的または間接的にリンクしている必要がある**

▸ **最初のステップはサービスを提供する相手を知ることである**

サービス・プロバイダが実施する**すべての活動は、価値に結び付いていないといけないという原則**です。価値とは、サービス消費者が価値であると認識していなければいけません（「3.2　業務周辺用語」参照）。このため、価値に着目するための**最初のステップは、サービス消費者は誰かを知ることです**。

この原則を適用するために

- **サービス消費者がサービスを利用する方法を知る**
- **消費者が期待する成果、その成果に各サービスがどのように貢献するか、サービス消費者がサービス・プロバイダをどのように認識しているかを理解する。サービス関係の開始時点だけではなく、継続的に価値についてのフィードバックを収集する**

サービス消費者がサービスを利用する方法を知ることが大切です。

深く理解：サービス消費者の価値のために仕事をしていますか？

1つめの原則「価値に着目する」から、かなりサービスマネジメントの核心を突いてきていると筆者は思います。皆さんの現場には、価値に無関係な活動は全くないと言い切れるでしょうか。サービス消費者にとっての価値にならない、思いつきで実施していたり何となく慣習で実施したりしている作業や測定項目はないでしょうか。サービス消費者のためではなく、自分の上司のために仕事をしていませんか？

4.4.2　②現状からはじめる（Start where you are）

- **過去を検討することなく着手することは、時間の面で極めて大きな無駄になる恐れがあるだけでなく、改善への取り組みにおいて大きな価値を持っている可能性のある既存のサービス、プロセス、人員およびツールを失うことにもなりかねない**
- **すでに実施しているサービスや方法を測定し、直接観察して、現状を適切に理解し、再利用可能なものを把握する必要がある。進め方の意思決定は、できるだけ正確な情報に基づくべきである**

現状を否定して、全く新しいものをつくることは推奨しないという原則です。また、**進め方の意思決定にはデータ活用が重要**です。

- 指標は観察対象の分析に役立てるために使用すべきもので、観察対象そのものの代わりにはならない
- データの分析と報告に頼り過ぎると、意図せずして意思決定に先入観とリスクが入り込む可能性がある

指標は観察対象そのものの代わりにはなりません。**データに頼り過ぎると意思決定に先入観が入り込む恐れ**があります。

この原則を適用するために

- 今あるものをできる限り客観的に観察する
- 顧客または求められる成果を出発点として使用する。「現状の要素は目的に適しているか、使用に適しているか？」これを客観的に判断できれば、現行のサービス、プラクティス、プロジェクト、スキルの中に、目標とするあるべき将来像を実現するために利用できる要素が数多く見つかる可能性がある

今あるものを客観的に観察することで、利用できる要素が見つかる可能性があります。

- 現状から何も再利用できない場合もあることを認識すべきである
- まれなことではあるが、完全にゼロから始める以外に目指す結果を得る方法がない場合がある

現状から何も再利用できない場合もあることを認識すべきです。

深く理解：現状を確認して意思決定をしていますか？

こちらの原則「現状からはじめる」も、とても示唆に富んでいると筆者は思います。ITIL4のように新しい考え方を適用しようとするときに、現状を否定して全く新しい仕組みをつくろうとしがちです。また、データを用いないで、何となく声の大きい人の意見に従って意思決定をしてしまっていないでしょうか。

4.4.3 ③フィードバックをもとに反復して進化する (Progress iteratively with feedback)

- 作業をより小さく扱いやすいセクションに分割し、実行と仕上げをタイミングよく行えるようにすることで、各取り組みの焦点が明確になり、維持しやすくなる
- プロセスにフィードバック・ループを組み込み、時間で区切った反復的な形で作業することで、柔軟性が大きく向上し、顧客およびビジネス・ニーズに迅速に対応できるようになる。さらに、障害を早期に発見して対応でき、全体的な品質も向上する

この原則は**アジャイル開発の考え方をベース**としています。**作業を小さなセクションに分割し、小さな目に見える成果を積み重ねることが大切であるという原則**です。繰り返しフィードバックを受けることで「**柔軟性の向上**」「**ニーズへの迅速な対応**」「**障害（課題や阻害要因）の早期発見対応**」が可能になります。

この原則を適用するために

- 全体を理解しつつ、行動も起こす
- 全体像を把握することは重要だが、先に進むことも同様に重要である。反復して進化するうえでは、すべてを理解して説明したいという欲求が最大の障壁になることがある
- 分析麻痺 - 状況の分析に非常に長い時間を費やしているだけで、何も実行されていない状態

全体を理解しつつ、行動を起こし、先に進むことが大切です。**分析麻痺とは分析に時間を費やして、何も実行しないこと**です。**分析麻痺は避けるべき**です。

- エコシステムは常に変化しているため、フィードバックが不可欠である
- あらゆるレベルで常にフィードバックを活用する
- 速さは不完全を意味するものではない
- 反復の規模を小さくすると迅速に実施できるからといって、成功に欠かせない要素を省略してもよいことにはならない
- 実用最小限の製品の使用 – 最小限の労力で最大限の検証された学びをもたらしてくれる完成品の 1つのバージョンのことである

フィードバックを受けるために、**実際に使えるものをつくる**ことが大切です。これは、**完全なものをつくることとも、不完全なものをつくることとも異なります**。

深く理解：アジャイル開発がベース

この原則「フィードバックをもとに反復して進化する」は**アジャイル開発の考え方をベース**にしていますが、**開発工程ではない活動**（戦略策定や組織変更など）にも**この考え方を適用する**ということがポイントです。また、このためには**組織のあらゆる活動で利害関係者からフィードバックを受ける仕組みをつくる**ことが大切です。

4.4.4 ④協働し、可視性を高める (Collaborate and promote visibility)

- 取り組みに適切な人材が適切な方法で関与していると、より多くの賛同を得ることができ、関連性が高まり（より良い情報に基づいて意思決定できるため）、長期的な成功を導きやすくなる
- 協力および協働は、孤立した作業（「サイロに陥った活動」）よりも好ましい状態である

この原則は**リーン開発の考え方**（コラボレーションのためのカンバンの考え方）**をベース**としています。**作業やその結果を可視化することが大切であるという原則**です。**可視化は「3M（ムリ、ムダ、ムラ）を取り除く」**ことと、「**サイロを打ち破る**」ことの一助となります。

この原則を適用するために

- 協働と合意は別のものである。取り組みを進める前に関係者全員から合意を得ることは、必要でないばかりか、必ずしも賢明な方法と言えない
- 組織によっては、関係者全員を納得させようとし、合意を得ることを意識し過ぎるあまり、何も実行に移せなかったり、誰のニーズにも合わないものを作ったりする結果になることがある

協働と合意は別物です。**何かを始める際に、全員の合意を得る必要はありません。**全員の合意を重視し過ぎると実行に移せなかったり、誰のニーズにも合わないものがつくられたりする恐れがあります。

- 対象者に合った方法で情報を伝える
- 対象者に合った適切な方法とメッセージを選択することは、成功にとって極めて重要である。すべてのコミュニケーションに旧来と同じ方法を採用しても機能するとは限らない

メールだけではなく、チャットツールや対面など、**対象者に合った適切なコミュニケーション方法を選択することが効果的**です。

- 可視化されたデータがなければ決断はできない
- データがない状態で意思決定を下すことは危険である。求められるデータの内容と、そのデータを得るために可視化が必要な作業を決定する必要がある

2つめの原則「現状からはじめる」でも登場しましたが、**意思決定はデータに基づいて実施する**必要があります。

深く理解：

この原則「協働し、可視性を高める」は**リーン開発の考え方**（コラボレーションのためのカンバンの考え方）**をベース**にしていますが、3つめの原則「フィードバックをもとに反復して進化する」と同様に、**開発工程ではない活動**（戦略策定や組織変更など）にも**この考え方を適用する**ということがポイントです。また、このためには**組織のあらゆる活動で可視性を高める**仕組みをつくることが大切です。

4.4.5 ⑤包括的に考え、取り組む (Think and work holistically)

- サービス、プラクティス、プロセス、部署またはサプライヤは、単独では成り立たない。活動を個別的ではなく全体として統合的に対応する組織でなければ、組織自身、顧客およびその他の利害関係者が得られるアウトプットは悪化する
- 包括的なアプローチでサービスマネジメントに取り組むには、組織のすべての部分がどのように統合され、連携しているかを理解する必要がある

活動は包括的に対応をすることが大切であるという原則です。包括的とはサービ

スマネジメントの４つの側面で出てきた概念です（「4.2　サービスマネジメントの４つの側面」参照）。

この原則を適用するために

- システムの複雑さを認識する
- 複雑さのレベルが異なれば、意思決定のための試行錯誤も異なる。コンポーネント間の関係が複雑で頻繁に変更される複雑なシステムに対して、シンプルなシステムを想定した方法や規則を適用すると、効果がないばかりか、悪影響を及ぼす可能性もある

システムの複雑さのレベルを認識する必要があります。

深く理解：包括的なアプローチ

この原則「包括的に考え、取り組む」はサービスマネジメントの４つの側面で出てきた「包括的なアプローチ」に基づいた原則です。

4.4.6　⑥シンプルにし、実践的にする (Keep it simple and practical)

- 価値ある成果を提供する実用的なソリューションを実現するには、成果ベースの思考が必要である。価値を一切もたらさない、あるいは有用な成果を全く生み出さないプロセス、サービス、活動、測定基準は、廃止するべきである。目標を達成するために必要なステップの数は常に最小限にとどめるべきである
- すべての例外に解決方法を提供しようとすると、複雑になりすぎてしまうことがよくある。プロセスまたはサービスを作成する場合、設計者が例外を考慮する必要があるが、すべての例外を扱うことはできない。代わりに、例外全般に対処するための規則を策定するべきである
- サービスマネジメントを設計したり、改善したりする際は、単純なアプローチで着手し、本当に必要であるとわかってから、コントロール、活動または測定基準を慎重に追加することを推奨する

シンプルがキーワードの原則です。**価値をもたらさない**プロセス、サービス、活動、測定基準は、**廃止するべき**であり、**必要なステップ数も最小にするべき**です。**例外**を個別に対処するのではなく、**全般的に対処する方法を考えるべき**です。**コントロールや測定基準は必要な場合のみ追加**するべきです。

この原則を適用するために

> ▶価値を確保する
> ▶すべての活動が価値の創出に貢献する必要がある

1つめの原則**「価値に着目する」と同じ考え方**です

> ▶シンプルさは究極の洗練である
> ▶シンプルにすることが難しく感じられても、多くの場合、その方が効果的である
> ▶活動を減らして質を高める
> ▶利害関係者にとって価値のある活動だけに限定するため、活動の数を最小限に抑え、活動の質を高めることに集中できるようになる

「シンプルにする」を具体的に言うと**活動の数を最小限に抑える**ということです。活動の数を減らすことで**質を高めることに集中**できます。

> ▶理解しやすいほど、採用されやすい
> ▶プラクティスを組み込む際には、簡単に実行できるようにする

シンプルにすると、**使われるようになります**。プラクティスを組み込む際にはシンプルにします。

> ▶即効性のある成果（クイック・ウィン）を達成する近道はシンプルであること
> ▶プロジェクトであれ、日常的な運用業務の改善であれ、組織は即効性のある成果によって進捗をアピールし、利害関係者の期待に対処することができる。フィードバックを得ながら作業を繰り返すことで、一定の周期で段階的に価値を高めていくことができる

シンプルにすることで、**繰り返し実行しやすくなります**。プロジェクトや業務改善など、繰り返し実行することでフィードバックを得て、価値を高めてゆくことができます。

深く理解：原則同士の考え方は一貫している

この原則「シンプルにし、実践的にする」の「価値に結び付かないものを廃止するべき」という部分は1つめの原則「価値に着目する」に近いです。また、

「シンプルにすることで繰り返し実行しやすくする」という部分は3つめの原則「フィードバックをもとに反復して進化する」に近いです。

4.4.7 ⑦最適化し、自動化する (Optimize and automate)

- 最適化とは、必要に応じて効果と有用性を高めることである。活動を効果的に自動化するには、その活動を合理的な範囲で可能な限り最適化するべきである
- 人が関与することなく、常に技術だけに頼るべきではない。自動化のための自動化を行うことでコストが増大し、組織の堅牢性と対障害弾力性を損なうからである

無計画に自動化するのではなく、まず活動の最適化が必要であるという原則です。自動化によりリソースの効率を高めることができます。しかし、いきなり自動化をするのではなく、**まず活動の最適化を図るべき**です。**最適化のない自動化には、かえってコストが増加したり、組織の堅牢性と対障害弾力性を失ったりするデメリットがあります**。

この原則を適用するために

- 自動化の前に簡略化や最適化を行う
- 複雑だったり、最適ではなかったりするプロセスを自動化しようとすることは時間の無駄であり、期待する成果は得られない

必ず自動化の前に活動の最適化が必要です。

- 測定基準を定義する
- 最適化によって目指した目標と実際の結果を、適切な測定基準を使用して評価する必要がある。同じ測定基準を使用してベースラインを定義し、達成度を測定する。測定基準は成果ベースで作成し、価値に重点を置くようにする

最適化によって目指した目標と実際の結果を**評価するために、価値に重点を置いた測定基準をつくる必要**があります。

- ▸この原則を適用する際は、他の従うべき原則も使用する
- ▸フィードバックをもとに反復して進化する
- ▸最適化と自動化を繰り返すことで、進歩が可視化され、さらなる反復に対する利害関係者の賛同が高まる
- ▸シンプルにし、実践的にする
- ▸シンプルであっても最適化されていない場合もある。そこで、改善を選択する際は、これらの2つの原則に従う
- ▸価値に着目する
- ▸最適化と自動化の対象およびその方法を選択する際は、組織にとって最大の価値を創出するものを基準にするべきである
- ▸現状からはじめる
- ▸組織内ですでに利用されている技術に、まだ使われていない、あるいは十分に活用されていない機能があるかもしれない。すでに手元にあるものを活用して、短期間でコストをかけずに最適化と自動化の機会を実行に移す

「最適化し、自動化する」を適用する際は、「フィードバックをもとに反復して進化する」「シンプルにし、実践的にする」「価値に着目する」「現状からはじめる」など、**他の原則も適用**しましょう。

深く理解：自動化はデメリットもある

以前のバージョンのITILでは、自動化は基本的にポジティブに捉えられていました。しかし、**ITIL4では無計画に自動化することのデメリット**について触れられています。例えば「先人が作り込んだマクロ入りのExcelが、仕様変更により使い物にならなくなって現場が混乱した」など自動化の弊害を肌で感じたことがある方もいらっしゃるかと思います。自動化はメリットだけではないこともしっかり理解しておきましょう。

4.4.8　従うべき原則の共通事項

- 従うべき原則は、**互いに依存関係があり、相互作用がある**ということを認識しましょう。
- 一部の原則だけ適用するのではなく、**すべての原則を同時に適用してゆくことが大切**です。

ちょっと一息　まず「従うべき原則」から始めよう！

筆者はよく、「ITIL4を業務に使いたいが何から実施すればよいかわからない」という相談を受けます。そういった相談には「まず従うべき原則を組織内に浸透させること、従うべき原則を基に組織の活動を見直すこと」を提案しています。

従うべき原則については、ITIL4公式書籍にも「従うべき原則は、組織がサービスマネジメントのアプローチを採用し、特定のニーズと状況にITILガイダンスを適応する際の指針として利用することができる」と記述があり、まずここから始めるべきとされています。

また、適用時のポイントとして、一部の原則だけを適用するのではなく、すべての原則を同時に適用することを推奨していますので、これも守るようにしましょう。

復習　4.4　達成したら✔をいれよう！

「従うべき原則」全体

☐ 「従うべき原則」の定義は「組織の目標、戦略、業務の種類、管理構造が変化したとしても、あらゆる状況で組織を導くことができる推奨事項」であると記憶する。

4.4.1　①価値に着目する

☐ すべての活動は、価値に結び付いていないといけないことを理解する。

☐ 価値に着目する最初のステップは、サービス消費者は誰かを知ることであると理解する。

4.4.2　②現状からはじめる

☐ 現状を否定して、全く新しいものをつくることは推奨しないことを理解する。

☐ 進め方の意思決定にはデータ活用が重要であることを理解する。

☐ 指標は観察対象そのものの代わりにはならないことを理解する。

☐ 現状から何も再利用できない場合もあることを理解する。

4.4.3 ③フィードバックをもとに反復して進化する

- [ ] アジャイル開発の考え方がベースとなっており、作業を小さなセクションに分割し、小さな目に見える成果を積み重ねることが大切であると理解する。
- [ ] 繰り返しフィードバックを受けることにより「柔軟性の向上」「ニーズへの迅速な対応」「障害（課題や阻害要因）の早期発見対応」が可能となることを理解する。
- [ ] 「分析麻痺」とは分析に時間を費やして何も実行しないことであり、避けるべきと理解する。
- [ ] 実際に使えるものをつくることが大切であると理解する。

4.4.4 ④協働し、可視性を高める

- [ ] リーン開発の考え方がベースとなっており、作業やその結果を可視化することが大切であると理解する。
- [ ] 可視化は「3M（ムリ、ムダ、ムラ）を取り除く」ことと、「サイロを打ち破る」ことの一助となると理解する。
- [ ] 協働と合意は別物であり、何かを始める際に、全員の合意を得る必要はないことを理解する。
- [ ] 対象者に合った適切なコミュニケーション方法を選択することが効果的であると理解する。
- [ ] 意思決定はデータに基づいて実施することを理解する。

4.4.5 ⑤包括的に考え、取り組む

- [ ] 活動は包括的に対応をすることが大切であることを理解する。
- [ ] システムの複雑さのレベルを認識する必要があることを理解する。

4.4.6 ⑥シンプルにし、実践的にする

- [ ] 価値をもたらさないプロセス、サービス、活動、測定基準は、廃止するべきであると理解する。
- [ ] 例外を全般的に対処する方法を考えるべきであると理解する。
- [ ] コントロールや測定基準は必要な場合のみ追加するべきであると理解する。
- [ ] 活動の数を最小限にすることで質を高めることに集中できると理解する。
- [ ] シンプルにすると「使われる」こと、「繰り返し実行しやすくなる」ことを理解する。

4.4.7 ⑦最適化し、自動化する

- [ ] 自動化の前に最適化が必要であると理解する。
- [ ] 最適化によって目指した目標と実際の結果を評価するために、価値に重点を置いた測定基準をつくることを理解する。
- [ ] この原則を適用するために、他の原則も適用してゆくことを理解する。
- [ ] 自動化のデメリットを理解する。

4.4.8 従うべき原則の共通事項

- [ ] 「従うべき原則」は、互いに依存関係があり、相互作用があることを理解する。
- [ ] すべての原則を同時に適用してゆくことが大切であると理解する。

4.5 サービス・バリュー・チェーン

3つめのフレームワークは「サービス・バリュー・チェーン」です（**図4.5-1**）。

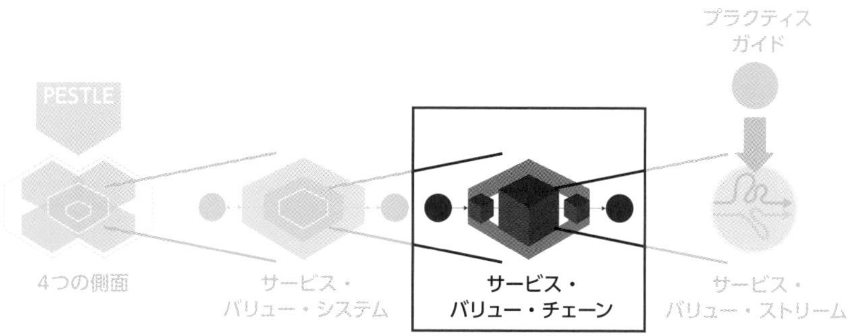

図4.5-1　3つめのフレームワーク：サービス・バリュー・チェーン

▸サービス・バリュー・チェーン（SVCとも記述されます）は需要に応えるための主要な活動の概要を示し、製品およびサービスの創造と管理を通じて価値の創出を促進する運用モデルである

サービス・バリュー・チェーンは**価値の創出を促進する運用モデル**です（「運用モデル」に関してこれ以上深い理解はファンデーションレベルでは不要なため、本書では説明を割愛します）。

▌サービス・バリュー・チェーンの構成要素

サービス・バリュー・チェーンは**「①計画、②改善、③エンゲージ、④設計および移行、⑤取得/構築、⑥提供およびサポート」**から構成されます。各構成要素の目的とポイントを理解しましょう（**図4.5-2**）。

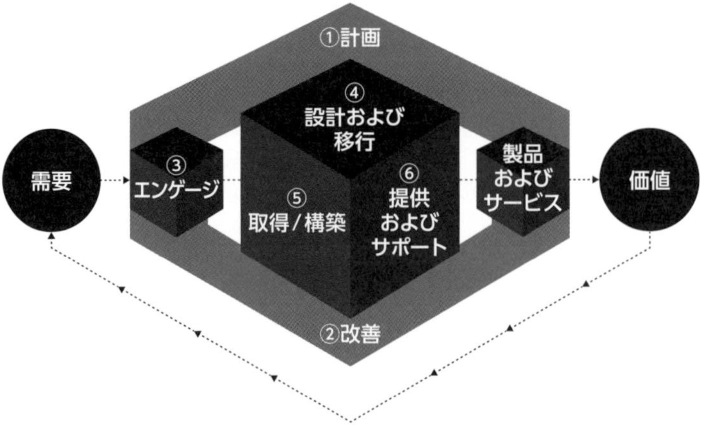

図4.5-2.　サービス・バリュー・チェーン

①計画

> ▶目的は、組織全体で4つの側面すべてと全製品および全サービスのビジョン、現状、改善の方向性についての理解を共有することである

「計画」は戦略などを計画するだけでなく、**組織全体に伝えます**。

②改善

> ▶目的は、すべてのバリューチェーン活動とサービスマネジメントの4つの側面について、製品、サービスおよびプラクティスを継続的に改善することにある

改善はITILの重要な概念です。サービス・バリュー・チェーン以外にサービス・バリュー・システムや管理プラクティス「5.4.1　継続的改善」にも登場します。

③エンゲージ

> ▶目的は、利害関係者のニーズ、すべての利害関係者との継続的なエンゲージ、透明性、およびすべての利害関係者との関係強化について十分な理解を促すことにある

「エンゲージ」はサービス・プロバイダから見て、**外部の利害関係者とのやり取り**です。**双方向の関係性**であることがポイントです。

④設計および移行

▸目的は、製品およびサービスが品質、コストおよび市場投入までの期間について、利害関係者からの期待に継続的に応えられるようにすることにある

「設計および移行」はいわゆる**QCD（Quality品質、Costコスト、Delivery納期）を考慮した、サービスの設計と移行**です。変更によるマイナスのリスクを避けるためのリスクコントロールや効率的なリリース、展開方法などの検討と実施の活動です。

⑤取得/構築

▸目的は、サービス・コンポーネントが合意された仕様を満たし、必要なときに必要な場所で利用できるようにすることである

「取得/構築」はITインフラの構築やソフトウェアやハードウェア、サービスの**調達**などです。**サービスのコンポーネント**（構成要素）**を作成すること**も含まれます。

⑥提供およびサポート

▸目的は、利害関係者の期待に応じて、合意された仕様に従ってサービスの提供およびサポートを実施することである

「提供およびサポート」は**合意された内容のサービスを提供するための活動**です。インシデント（トラブル）の回復、アプリやインフラの監視、レポートや問題の分析などが含まれます。

サービス・バリュー・チェーン活動の共通事項

- サービス・プロバイダから見て、**外部の利害関係者とのやり取り**は、すべて**エンゲージの活動を通じて実行**されます。
- 新しいリソースはすべて、**取得/構築の活動を通じて獲得**されます。
- あらゆるレベルの**計画立案**は、**計画の活動を通じて実行**されます。
- あらゆるレベルの**改善**は、**改善の活動を通じて開始**され、**管理**されます。
- サービスのコンポーネントと製品およびサービスの**作成**、**変更**、**提供**、**メンテナンスおよびサポート**は、**設計および移行**、**取得/構築、提供およびサポート**の各活動が統合および調整 された形で実行されます。

復習 4.5 達成したら✔をいれよう！

「サービス・バリュー・チェーン」全体

- [ ] 「サービス・バリュー・チェーン」は価値の創出を促進する運用モデルであると記憶する。
- [ ] 「サービス・バリュー・チェーン」の構成要素を記憶する。

①計画

- [ ] 目的は「組織全体で 4つの側面すべてと全製品および全サービスのビジョン、現状、改善の方向性についての理解を共有すること」であると理解する。
- [ ] 戦略などを計画するだけでなく、組織全体に伝えると理解する。

②改善

- [ ] 目的は「すべてのバリューチェーン活動とサービスマネジメントの4つの側面について、製品、サービスおよびプラクティスを継続的に改善すること」であると理解する。

③エンゲージ

- [ ] 目的は「利害関係者のニーズ、すべての利害関係者との継続的なエンゲージ、透明性、およびすべての利害関係者との関係強化について十分な理解を促すこと」であると理解する。
- [ ] サービス・プロバイダから見て、外部の利害関係者とのやり取りであり、双方向の関係性であると理解する。

④設計および移行

- [ ] 目的は「製品およびサービスが品質、コストおよび市場投入までの期間について、利害関係者からの期待に継続的に応えられるようにすること」であると理解する。
- [ ] QCDを考慮した、サービスの設計と移行であると理解する。

⑤取得/構築

- [ ] 目的は「サービス・コンポーネントが合意された仕様を満たし、必要なときに必要な場所で利用できるようにすること」であると理解する。
- [ ] 調達や、サービスのコンポーネント（構成要素）の作成であると理解する。

⑥提供およびサポート

- [ ] 目的は「利害関係者の期待に応じて、合意された仕様に従ってサービスの提供およびサポートを実施すること」であると理解する。

サービス・バリュー・チェーン活動の共通事項

- [ ] 「サービス・バリュー・チェーン」活動の共通事項を理解する。

4.6 サービス・バリュー・ストリーム

4つめのフレームワークは「サービス・バリュー・ストリーム」です（**図4.6-1**）。

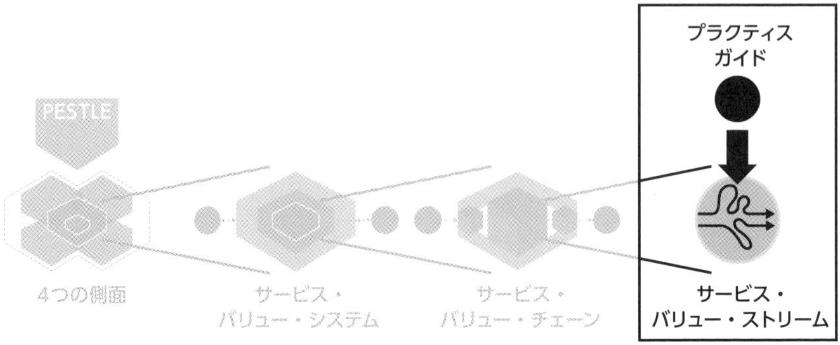

図4.6-1　4つめのフレームワーク：サービス・バリュー・ストリーム

- ▶特定の状況に対応したりするために、具体的なシナリオに合わせてサービス・バリュー・ストリームを作成する
- ▶一度設計されたバリューストリームは、継続的改善の対象とする必要がある

サービス・バリュー・ストリームとは、サービスの**機会/需要から価値までのエンドツーエンド（始まりから終わりまで、経路全体）**です。サービス・バリュー・ストリームには**ひな型や、固定的な管理プラクティスの組み合わせはありません**。また、**作成後は継続的に改善**をしてゆく必要があります。

▍サービス・バリュー・ストリームの例

図4.6-2はレンタカー予約アプリのトラブル発生から復旧までのサービス・バリュー・ストリームです。これはごくシンプルにまとめた、あくまで１つの例ですが、サービス・バリュー・ストリームをイメージするために参考にしてください。

具体的なシナリオに合わせて、プラクティスガイドを参考にサービス・バリュー・ストリームをつくります。

プラクティスガイドとはITIL4の34個ある管理プラクティスの詳細が記述されているガイドです。変化に柔軟に対応してすぐに更新ができるよう、プラクティスガイドは有料サブスクリプション型サービスで提供されています。プラクティスガイドに載っている管理プラクティスを次の第5章で紹介します。

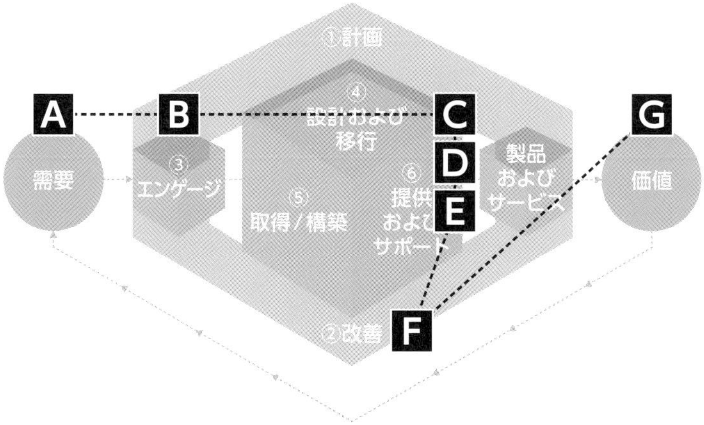

A	
SVSコンポーネント	需要
役割	サービス消費者
活動	予約アプリが使えなくなっている。

B	
バリューチェーン活動	エンゲージ
プラクティス	サービスデスク
役割	ITデスク、店舗スタッフ
活動	多くのユーザから、予約アプリでレンタカーの予約が出来ないと一斉に店舗や本部に連絡がくる。

C	
バリューチェーン活動	提供およびサポート
プラクティス	サービスデスク、インシデント管理
役割	ITデスク、IT担当者
活動	IT担当は利用できないユーザの範囲や、対処マニュアル通りにITシステムのチェックを行う。

D	
バリューチェーン活動	提供およびサポート
プラクティス	インシデント管理、問題管理
役割	IT担当者、ITベンダー
活動	トラブルの現象から、サービスデスクで対応できないとわかり、2次サポートにエスカレーションする。

E	
バリューチェーン活動	提供およびサポート
プラクティス	サプライヤ管理、変更実現、問題管理、サービス構成管理
役割	IT担当者、ITベンダー
活動	ITシステムが停止した原因を調査しながら、暫定的な回復対処方法を試行することで、サービスを再開させる。

F	
バリューチェーン活動	改善
プラクティス	継続的改善、サービス デスク、問題管理、サプライヤ管理
役割	関わる担当者全員
活動	トラブルの原因と対処方について確認し、再発防止策と改善方針を関係者で合意し、CIRに記述する。

G	
SVSコンポーネント	価値
役割	サービス消費者、サービス・プロバイダ
活動	トラブル復旧が迅速に行われる。原因や再発防止に関する情報を公開することで信頼につながった。

図4.6-2　サービス・バリュー・ストリームの例

復習 4.6 達成したら☑をいれよう！

- ☐ 「サービス・バリュー・ストリーム」はサービスの機会/需要から価値までのエンドツーエンドであることを理解する。
- ☐ 「サービス・バリュー・ストリーム」はひな型や、固定的な管理プラクティスの組み合わせが無いことを理解する。
- ☐ 「サービス・バリュー・ストリーム」作成後は継続的に改善をしてゆく必要があることを理解する。
- ☐ 具体的なシナリオに合わせて、プラクティスガイドを参考に「サービス・バリュー・ストリーム」をつくることを理解する。

4.7 章末問題

設問

設問 1/6

「組織と人材」の側面で考慮されるのはどれですか？

A 情報とナレッジ

B パートナとサプライヤ戦略

C プロセス

D カルチャ

設問 2/6

サービス・バリュー・システムについて、正しい内容はどれですか？

A 1つのサービス・プロバイダに必ず複数存在する

B 目的は、すべての利害関係者と協力し、継続的に価値を共創できるようにすることである

C 手法や技法の組み合わせについて、ひな型を提供する

D 製品およびサービスの創造と管理を通じて価値の創出を促進する運用モデルである

設問 3/6

従うべき原則の説明として、適切なものはどれですか？

A サービス・バリュー・チェーンの構成要素である

B 8つの原則は互いに相互関係があり、相互作用がある

C 組織の特性に合わせて、適用する原則を選択する

D 何が変化したとしても、あらゆる状況で組織を導くことができる

設問 4/6

従うべき原則の「協働し、可視性を高める」に関する記述はどれですか？

A 最適化する前に自動化すると、かえってコストが増加したり、対障害弾力性を失ったりする

B 障害（課題や阻害要因）を早期に発見して対応でき、全体的な品質が向上する

C コントロールや測定基準は必要な場合のみ追加するべきである

D 何かを始める際に、全員の合意を得る必要はない

設問 5/6

「計画」のバリューチェーン活動の目的はどれですか？

A すべてのバリューチェーン活動とサービスマネジメントの 4 つの側面について、製品、サービスおよびプラクティスを継続的に改善すること

B 組織全体で 4 つの側面すべてと全製品および全サービスのビジョン、現状、改善の方向性についての理解を共有すること

C 製品およびサービスが品質、コストおよび市場投入までの期間について、利害関係者からの期待に継続的に応えられるようにすること

D 利害関係者の期待に応じて、合意された仕様に従ってサービスの提供およびサポートを実施すること

設問 6/6

サービス・バリュー・ストリームの説明として、適切なものはどれですか？

A 需要から価値までのエンドツーエンドである

B ひな型に沿って、決められた管理プラクティスを組み合わせて作成する

C バリューチェーン活動である

D 作成後は変更を加えず、継続的に利用し続ける

解 説

1	2	3	4	5

設問 1/6

「組織と人材」の側面で考慮されるのはどれですか？

A 情報とナレッジ

→これは「情報と技術」の側面で考慮されます。

B パートナとサプライヤ戦略

→これは「パートナとサプライヤ」の側面で考慮されます。

C プロセス

→これは「バリューストリームとプロセス」の側面で考慮されます。

D カルチャ

→正しい選択肢です。

正解：D　難易度：低　本文：4.2　サービスマネジメントの４つの側面

4つの側面それぞれで考慮される、重要な内容を記憶しましょう。詳細ポイントは本文に戻って確認してください。

□ □ □ □ □
1 2 3 4 5

設問 2/6

サービス・バリュー・システムについて、正しい内容はどれですか？

A 1つのサービス・プロバイダに必ず複数存在する

→原則として各サービス・プロバイダに1つです。

B 目的は、すべての利害関係者と協力し、継続的に価値を共創できるようにすることである

→正しい選択肢です。

C 手法や技法の組み合わせについて、ひな型を提供する

→ひな型や固定化された組み合わせがあるのではなく、柔軟性が高いことが特徴です。

D 製品およびサービスの創造と管理を通じて価値の創出を促進する運用モデルである

→サービス・バリュー・チェーンの説明です。

正解：B　難易度：中　本文：4.3　サービス・バリュー・システム

「サービス・バリュー・システム」の目的は、「組織が製品およびサービスの使用と管理を通じて、すべての利害関係者と協力し、継続的に価値を共創できるようにすること」です。

原則として、各サービス・プロバイダに1つしかありません。固定化されたものではなく柔軟性が高く、様々な手法や技法（アジャイル、リーン、DevOpsなど）を取り込んでゆきます。

□ □ □ □ □
1 2 3 4 5

設問 3/6

従うべき原則の説明として、適切なものはどれですか？

A サービス・バリュー・チェーンの構成要素である

→「サービス・バリュー・システム」の構成要素です。

B 8つの原則は互いに相互関係があり、相互作用がある

→従うべき原則は7つです。

C 組織の特性に合わせて、適用する原則を選択する

→すべての原則を同時に適用してゆくことが大切です。

D 何が変化したとしても、あらゆる状況で組織を導くことができる

→正しい選択肢です。

正解：D　難易度：低　本文：4.4　従うべき原則

従うべき原則の定義は「最終目標、戦略、業務の種類、管理構造が変化したとしても、あらゆる状況で組織を導くことができる推奨事項」です。

1 2 3 4 5

設問 4/6

従うべき原則の「協働し、可視性を高める」に関する記述はどれですか？

A 最適化する前に自動化すると、かえってコストが増加したり、対障害弾力性を失ったりする

→「最適化し、自動化する」に記述されている自動化のデメリットです。

B 障害（課題や阻害要因）を早期に発見して対応でき、全体的な品質が向上する

→「フィードバックをもとに反復して進化する」を適用すると得られるメリットです。

C コントロールや測定基準は必要な場合のみ追加するべきである

→「シンプルにし、実践的にする」で推奨されている内容です。

D 何かを始める際に、全員の合意を得る必要はない

→正しい選択肢です。

正解：D　難易度：中　本文：4.4　従うべき原則

各従うべき原則の重要なポイントを理解しましょう。詳細ポイントは本文に戻って確認してください。

□ □ □ □ □
1 2 3 4 5

設問 5/6

「計画」のバリューチェーン活動の目的はどれですか？

A すべてのバリューチェーン活動とサービスマネジメントの 4 つの側面について、製品、サービスおよびプラクティスを継続的に改善すること

→「改善」のバリューチェーン活動の目的です。

B 組織全体で 4 つの側面すべてと全製品および全サービスのビジョン、現状、改善の方向性についての理解を共有すること

→正しい選択肢です。

C 製品およびサービスが品質、コストおよび市場投入までの期間について、利害関係者からの期待に継続的に応えられるようにすること

→「設計および移行」のバリューチェーン活動の目的です。

D 利害関係者の期待に応じて、合意された仕様に従ってサービスの提供およびサポートを実施すること

→「提供およびサポート」のバリューチェーン活動の目的です。

正解：B　難易度：中　本文：4.5　サービス・バリュー・チェーン

各バリューチェーン活動の目的を理解しましょう。詳細ポイントは本文に戻って確認してください。

1 2 3 4 5

設問 6/6

サービス・バリュー・ストリームの説明として、適切なものはどれですか？

A 需要から価値までのエンドツーエンドである

→正しい選択肢です。

B ひな型に沿って、決められた管理プラクティスを組み合わせて作成する

→サービス・バリュー・ストリームにはひな型や、固定的な管理プラクティスの組み合わせはありません。

C バリューチェーン活動である

→バリューチェーン活動ではありません。バリューチェーン活動とはサービス・バリュー・チェーンのコンポーネントであり「計画」「改善」「エンゲージ」「設計および移行」「取得/構築」「提供およびサポート」のことを示します。

D 作成後は変更を加えず、継続的に利用し続ける

→一度作成されたバリューストリームは、継続的改善の対象とする必要があります。このため、「変更を加えない」というこの選択肢は誤りです。

正解：A　難易度：中　本文：4.6　サービス・バリュー・ストリーム

サービス・バリュー・ストリームは「サービスの機会/需要から価値までのエンドツーエンドであること」「ひな型や、固定的な管理プラクティスの組み合わせが無いこと」「作成後は継続的に改善をしてゆく必要があること」「具体的なシナリオに合わせて、プラクティスガイドを参考にサービス・バリュー・ストリームをつくること」を理解しましょう。

第5章

ITIL4の管理プラクティス

ITIL4の管理プラクティスを説明します。

工夫.その3 適切な方法で能力が身に付く

- 「記憶」を問われる部分をアンダーラインで示しています。
- 「理解」をサポートするグループに分類し解説しています。

工夫.その4 効率よく能力が定着する

- 各節末に復習チェックリストを用意しました。
- 章の内容を総復習する章末問題を用意しました。

5.1 サービス戦略・設計フェーズに関係が深い管理プラクティス 117
5.2 サービス移行フェーズに関係が深い管理プラクティス 126
5.3 サービス運用フェーズに関係が深い管理プラクティス 136
5.4 サービス全体を通じて関連する継続的改善 151
5.5 章末問題 156

第5章 ITIL4の管理プラクティス

ITIL4の管理プラクティス一覧

ITIL4では34個の管理プラクティスがあります。15個がITIL4ファンデーション試験の対象です。そのうちの7個の管理プラクティスは深い知識を問われるのでよく理解しましょう（本文中には 重要 を付けています）（**図5-1**）。なお、試験の約60%は管理プラクティスから出題されます。

一般的マネジメントプラクティス	サービスマネジメントプラクティス	技術的マネジメントプラクティス
・アーキテクチャ管理 ・**継続的改善** ・**情報セキュリティ管理** ・ナレッジ管理 ・測定および報告 ・ポートフォリオ管理 ・組織変更の管理 ・プロジェクト管理 ・**関係管理** ・リスク管理 ・サービス財務管理 ・戦略管理 ・**サプライヤ管理** ・要員およびタレント管理プラクティス	・可用性管理 ・事業分析 ・キャパシティおよびパフォーマンス管理 ・**変更実現** ・**インシデント管理** ・**IT 資産管理** ・**モニタリングおよびイベント管理** ・**問題管理** ・**リリース管理** ・サービス・カタログ管理 ・**サービス構成管理** ・サービス継続性管理 ・サービスデザイン ・**サービスデスク** ・**サービスレベル管理** ・**サービス要求管理** ・サービスの妥当性確認およびテスト	・**展開管理** ・インフラストラクチャおよびプラットフォーム管理 ・ソフトウェア開発および管理

太字：概要が試験範囲　**太字かつ色付き**：詳細まで試験範囲

図5-1　ITIL4管理プラクティス一覧

管理プラクティスの本書上の分類

図5-1の３つの管理プラクティス分類はITIL4公式書籍の分類です。本書では理解しやすいように、ITIL4ファンデーション試験範囲の管理プラクティスを**図5-2**の４つに分類して紹介します。

5.1	5.2	5.3	5.4
サービス戦略・設計フェーズに関係が深い管理プラクティス	サービス移行フェーズに関係が深い管理プラクティス	サービス運用フェーズに関係が深い管理プラクティス	サービス全体を通じて関係する継続的改善
・サービスレベル管理 ・関係管理 ・サプライヤ管理 ・情報セキュリティ管理	・変更実現 ・展開管理 ・リリース管理 ・サービス構成管理 ・IT資産管理	・サービスデスク ・サービス要求管理 ・モニタリングおよびイベント管理 ・インシデント管理 ・問題管理	・継続的改善

太字：概要が試験範囲　**太字かつ色付き**：詳細まで試験範囲

図5-2　ITIL4管理プラクティスの本書上の分類

5.1　サービス戦略・設計フェーズに関係が深い管理プラクティス

対象の管理プラクティスは「サービスレベル管理」「関係管理」「サプライヤ管理」「情報セキュリティ管理」です。

5.2　サービス移行フェーズに関係が深い管理プラクティス

対象の管理プラクティスは「変更実現」「展開管理」「リリース管理」「サービス構成管理」「IT資産管理」です。

5.3　サービス運用フェーズに関係が深い管理プラクティス

対象の管理プラクティスは「サービスデスク」「サービス要求管理」「モニタリングおよびイベント管理」「インシデント管理」「問題管理」です。

5.4　サービス全体を通じて関係する継続的改善

対象の管理プラクティスは「継続的改善」です。

管理プラクティスの分類について

以前のバージョンのITILでは、サービスが計画されて生まれるところから運用フェーズに入るまでの流れをサービスライフサイクルと呼んでいました。ライフサイクルは「戦略・設計」「移行」「運用」「全体を通じて実施される継続的改善」という段階に分類されます。このサービスライフサイクルという考え方はITIL4ではバリューチェーンという考え方に変化しました。

本書では理解を補助する工夫として、ITIL4ファンデーション試験対象の15個の管理プラクティスを、ライフサイクルの段階をイメージした分類で解説しています。この分類はITIL4公式書籍の分類ではありません（「ユーザーガイダンス」は図5-1に示した3つの分類をしています）。また、この分類は特定の管理プラクティスが特定の状況でしか利用できないことを表すものではありません。

深く理解：管理プラクティスと4つの側面

　管理プラクティスはすべて、サービスマネジメントの４つの側面が考慮されています。各管理プラクティスの実践にはプロセスだけでなく、カルチャ、人、テクノロジー、パートナなど、**包括的な視点**で捉えなければなりません。

5.1 サービス戦略・設計フェーズに関係が深い管理プラクティス

ここでは「サービスの戦略や方針を決め、それを提供するためにサプライヤを含めて設計に落とし込む活動」に関係が深い管理プラクティスを解説します。

対象の管理プラクティスは「サービスレベル管理」「関係管理」「サプライヤ管理」「情報セキュリティ管理」です。

まずは**図5.1-1**で管理プラクティス同士の関係性を理解しましょう。

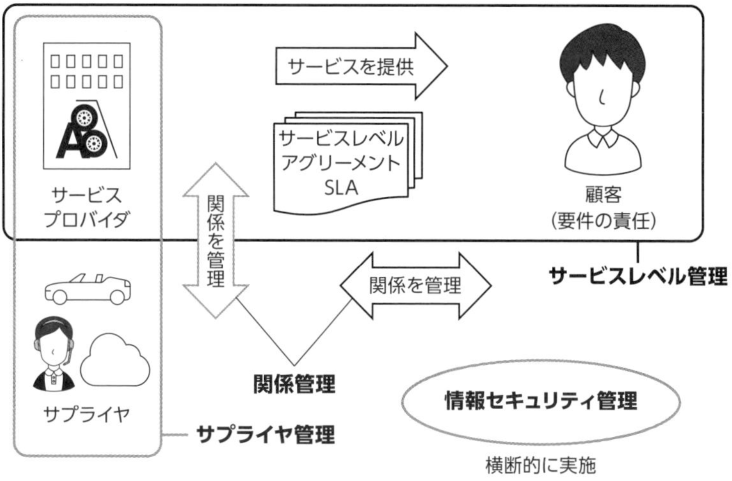

図5.1-1　サービス戦略・設計フェーズに関係が深い管理プラクティスの関係図

5.1.1 重要 サービスレベル管理

- 目的は、サービス・パフォーマンスの明確な目標値を事業に基づいて設定し、その目標に対して、サービスの提供を適切に評価、モニタリングおよび管理できるようにすることである
- 組織のサービスをエンドツーエンドに可視化するものである

この管理プラクティスの目的は、**サービスの様々な測定基準とその目標値を顧客のビジネスに基づいて決定し、評価、モニタリング、管理ができるようにすること**です。この**測定基準とその目標値をSLAとして顧客と合意**します。これらの活動を

通じて、**サービスをエンドツーエンド（始まりから終わりまで、経路全体）に可視化**します。

サービスレベル

▶期待または実現されるサービス品質を定義する１つまたは複数の測定基準

顧客とのエンゲージ

▶サービスと目標のサービスレベルについて顧客と共通の認識を持つ

顧客とのエンゲージで顧客と成果ベースの共通認識を確立します。

目標値の達成確認

▶特定したサービスに関連する測定基準の収集、分析、保存、報告を通じて、組織が所定のサービスレベルを満たしていることを確実にする

測定基準とその目標値を定め、関連するデータを集め、分析、保存、報告することで目標値を達成し続けます。

目標値の見直し

▶サービスのレビューを実施して、現在の一連のサービスが組織とその顧客のニーズを継続的に満たしていることを確認する。また、サービスに関する課題を捕捉して報告する

顧客のニーズを継続的に満たすために、測定値と目標値が適切なものか、課題を解決しながら**見直し続けます**。

ちょっと一息　サービスレベル管理はビジネスの要！

筆者は過去に、サーバホスティングサービスの保守運用プロジェクトに参画していた時期があります。そのプロジェクトでは過剰なまでに「お客様第一主義」を掲げており、サービス消費者の要望は絶対でした。サービス消費者がやりたいことを実現するために特別な設定を認めたり、特別な対応を実施したりを繰り返した結果、サービスを維持するコストがどんどんと膨れ、最終的には撤退を余儀なくされてしまいました。サービス終了に伴い、サービス消費者の皆様に大変ご迷惑をおかけした心苦しい記憶があります。

一方、サーバホスティングサービスを含むクラウドサービスを提供している大手のAWS・Azure・GCPなどは基本的に決められたサービス以外は提供しません。また、特例も認めません。しかし、サービスは安価に安定して利用することができます。また、サービス・プロバイダ自身も成長を続けることができています。

このように、適切なサービスレベル管理はサービス消費者とサービス・プロバイダ双方にとって重要です。

サービスレベル・アグリーメント（Service level agreement　SLA）

▶必要とされるサービスとサービスで期待されるレベルを規定するための、サービス・プロバイダと顧客の間で結ばれる合意文書

サービスに関連する**測定基準とその目標値**を定め、**顧客と合意文書として締結**します。

SLAを作成するうえで重要なポイント

①サービスに関連していること

▶SLA はサービス・カタログで定義されている「サービス」に関連している必要がある。そうでなければ、目的のない単なる個別の測定基準となり、可視化が不十分だったり、サービスの視点が欠けたりしたものになる

サービスに関連している項目を選択しましょう。**測定しやすさで項目を選択してはいけません**。

②成果に関連していること

▶ SLA は、単なる運用上の測定基準ではなく、所定の成果に関連するものでなければならない。これは、顧客満足度や主要な事業成果などの測定基準をバランスよく組み合わせることで実現できる

価値に結び付く、成果に関連した項目を選択しましょう。その際に**定量的なものだけではなく、定性的な指標もバランスよく**組み合わせましょう。

③パートナやサプライヤが関与すること

▶ SLAは「合意」、つまりサービス・プロバイダおよびサービス消費者の間のエンゲージおよび議論を反映したものであるべきである。パートナ、スポンサ、ユーザ、および顧客を含むすべての関係者が関与することが重要である

ユーザや顧客だけではなく、**共にサービスを提供するパートナやサプライヤも関与してもらうことが重要**です。

④すべての関係者が理解できること

▶ SLAは、平易に書かれていて、誰にでも理解しやすく、使いやすいものでなければならない

プロジェクトの固有用語などを避けて、**すべての関係者が理解できる表現**にしましょう。

スイカSLA効果

▶ 報告がすべて正常で、素晴らしい成果を挙げていると考えていても、実際には顧客がサービスに満足しておらず、さらにプロバイダがその事実に気付いていないことに不満を抱いている場合がある。この現象は、スイカSLA効果として知られている

SLAが不適切で、**SLAを満たしていても顧客が不満を抱いている状態**を**スイカSLA効果**と呼びます。この状態はSLAが一見適切に見えてしまうため、改善されない負のループに入ってしまう恐れがあります。この状態を避けるために、**顧客とのエンゲージとフィードバックが重要**です。

ちょっと一息　果物のスイカとスイカSLAについて

皆さんは果物のスイカをまるごと買ってきて家で切り分けたことはありますか。最近は半分以下に切り分けられたものを購入することが多いかもしれませんが、このスイカSLAという用語を理解するためには、まるごとの状態のスイカをイメージしていただく必要があります。

スイカは表面の皮の部分は緑色（グリーン）、中の果肉の部分は赤色（レッド）ですね。欧米では問題ないことをグリーン、問題があることをレッドと言います。スイカSLAとは表面的には問題ないように見えますが、中身は問題だらけというSLAのことです（**図5.1-2**）。

つまり、サービス・プロバイダの報告はすべてのSLAを満たしているグリーンであったとしても、サービス消費者は問題である（レッド）と感じていて不満に思っている状態のことです。

このスイカSLAはSLAとして無意味であるだけでなく、サービス消費者の不満に気が付かず、改善の機会を奪うため、強く、避けるべきといわれています。

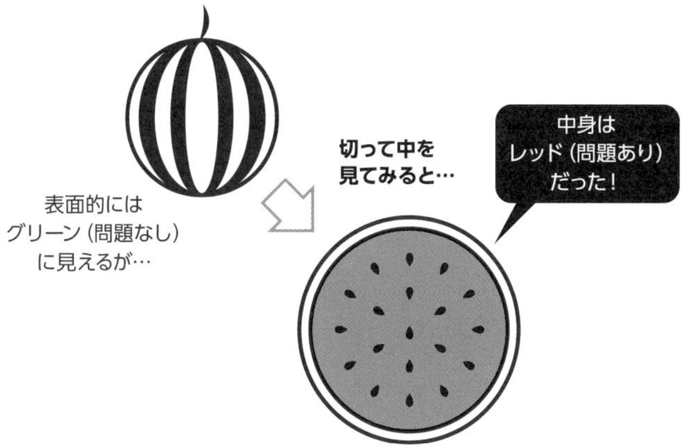

図5.1-2　果物のスイカとスイカSLA

筆者がとあるサービスの運用プロジェクトに参画していた時の話です。ある日、トラブルが発生して一時的にお客様（サービス消費者）がサービスを利用できない状態になりました。

幸いにも1時間ほどで復旧し、我々はトラブルの報告書を作成しました。

「SLA項目達成状況　サーバ可用性：直近1年以内99.9%以上"OK"　トラブル回復時間：2時間以内"OK"」すべて問題なし（グリーン）の内容でした。

　ところが、それを受け取ったお客様は顔を真っ赤にして怒っていらっしゃいました。「日中に30分以上サービスが使えなくなるとは思っていなかった、大問題だ」と。これは私が体験したスイカSLA効果の状態です。お客様とのコミュニケーション不足から、SLAを満たしていてもお客様が不満に思っている状態を起こしてしまっていました。

　なお、当時この状態を解決するために、SLAに「9:00-18:00は故障回復時間30分以内」という項目を追加することを検討し、追加をするために必要な費用（高可用性構造にするための費用や、日中の体制増強費用など）をお客様に説明し判断を仰ぐという方法を取りました。

5.1.2　関係管理

▶目的は、戦略レベルおよび戦術レベルで組織とその利害関係者とのつながりを確立し、深めることである

　この管理プラクティスの目的は、**組織とその利害関係者とのつながりを確立し、深めること**です。**具体的には利害関係者のニーズを理解し、苦情に対処し、満足度を維持**します。

5.1.3　サプライヤ管理

▶目的は、高品質な製品、サービスおよびコンポーネントが円滑に提供されるように、組織のサプライヤおよびそのパフォーマンスを適切に管理することを確実にすることである

　この管理プラクティスの目的は、**サプライヤとそのパフォーマンスを適切に管理すること**です。**具体的にはサプライヤの戦略や方針、契約の管理**（どのサプライヤを選択するか決めたり、不都合があれば変更したり、など）を行います。

5.1.4 情報セキュリティ管理

▸目的は、組織の事業運営に必要な情報を保護することである。これには、情報の機密性、完全性、可用性に加え、認証、否認防止などの情報セキュリティのその他の側面に対するリスクを把握して管理することも含まれる

この管理プラクティスの目的は、**情報を保護すること**です。以下の関連する用語も記憶しましょう。

情報セキュリティの5要素

機密性

▸情報が許可を受けてないエンティティに確実に提供または公開されないようにするセキュリティの達成目標

完全性

▸情報が、承認された要員および活動のみによって確実に修正されるようにするセキュリティ達成目標

可用性

▸ITサービスまたはその他の構成アイテムが、合意された機能を必要なときに実行できる能力

認証

▸相手が名乗った通りの本人であることを確かめること

否認防止

▸行動を起こした人物がそれを否定できないようにすること

それぞれの要素の詳細な意味を理解することより、**この5つが情報セキュリティの5要素であることを記憶しましょう**。

復習 5.1 達成したら☑をいれよう！

「サービス戦略・設計フェーズに関係が深い管理プラクティス」共通

- [ ] 「サービス戦略・設計フェーズに関係が深い管理プラクティス」同士の関係性を理解する。
- [ ] 「サービスレベル（5.1.1）」「サービスレベル・アグリーメント（5.1.1）」の定義を記憶する。

5.1.1 サービスレベル管理

- [ ] 目的は「サービスの様々な測定基準とその目標値を顧客のビジネスに基づいて決定し、評価、モニタリング、管理ができるようにすること」であると理解する。
- [ ] 測定基準とその目標値をSLAとして顧客と合意することを理解する。
- [ ] サービスをエンドツーエンド（始まりから終わりまで、経路全体）に可視化することを理解する。
- [ ] 顧客とのエンゲージで顧客と成果ベースの共通認識を確立することを理解する。
- [ ] 測定基準とその目標値を定め、関連するデータを集め、分析、保存、報告することを理解する。
- [ ] 顧客のニーズを継続的に満たすために、測定値と目標値が適切なものか、課題を解決しながら見直し続けることを理解する。
- [ ] 「SLAを作成するうえで重要なポイント」４つを理解する。
- [ ] SLAが不適切で、SLAを満たしていても顧客が不満を抱いている状態をスイカSLA効果と呼ぶことを理解する。
- [ ] スイカSLA効果を防ぐために、顧客とのエンゲージとフィードバックが重要であると理解する。

5.1.2 関係管理

- [ ] 目的は「組織とその利害関係者とのつながりを確立し、深めること」であると理解する。
- [ ] 具体的には利害関係者のニーズを理解し、苦情に対処し、満足度を維持すると理解する。

5.1.3 サプライヤ管理

- [ ] 目的は「サプライヤとそのパフォーマンスを適切に管理すること」であると理解する。
- [ ] 具体的にはサプライヤの戦略や方針、契約の管理をすると理解する。

5.1.4 情報セキュリティ管理

- [ ] 目的は「情報を保護すること」であると理解する。
- [ ] 情報セキュリティの5要素を記憶する。

5.2 サービス移行フェーズに関係が深い管理プラクティス

ここでは「新規または変更されたサービスを運用フェーズに移行する活動」に関係が深い管理プラクティスを解説します。

対象の管理プラクティスは「変更実現」「展開管理」「リリース管理」「サービス構成管理」「IT資産管理」です。

まずは**図5.2-1**で管理プラクティス同士の関係性を理解しましょう。

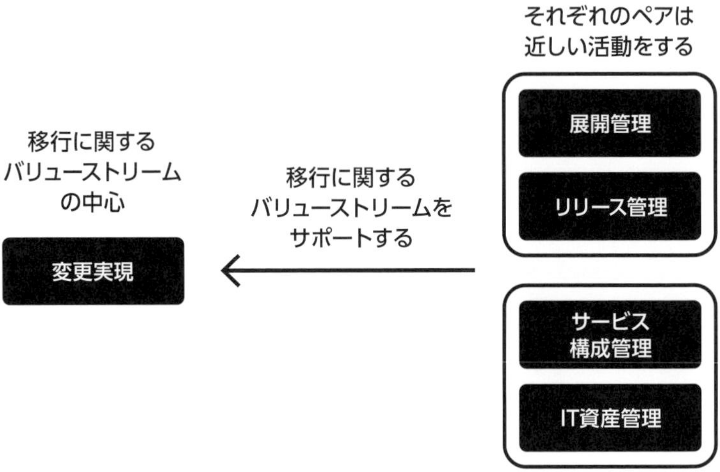

図5.2-1　サービス移行フェーズに関係が深い管理プラクティスの関係図

5.2.1 重要 変更実現

> ▸目的は、リスクの適切な評価を確実に行い、変更の進行を承認し、変更スケジュールを管理することで、IT変更の成功する回数を最大化することである

この管理プラクティスの目的は、**変更に伴うマイナスのリスクを評価**し、変更が実施されることの**承認とスケジュール管理**を行い、これにより**IT変更の成功する回数を最大化すること**です。

> **変更**
>
> ▸サービスに直接的または間接的に影響を及ぼす可能性がある何らかの追加、修正、削除

変更というと追加や修正をイメージしがちですが、**「新規と削除」も変更**に入ることを意識しましょう。

▍変更実現の適用範囲

> ▸変更実現の適用範囲は、各組織で定義する。通常、適用範囲には、すべてのITインフラストラクチャ、アプリケーション、ドキュメント、プロセス、サプライヤ関係、製品またはサービスに直接的または間接的にインパクトを与える可能性のあるすべての要素が含まれる

変更実現の管理プラクティスの**適用範囲（スコープ）に何を含めるかは各組織で定義**（ドキュメント類の変更は変更実現のプロセスとして対応しないなど）**します**。

▍組織変更の管理との違い

> ▸変更実現と組織変更の管理を区別することが重要である。組織変更の管理では、変更の人的側面を管理して、改善と組織変革の取り組みが正しく実施されるようにする。変更実現は通常、製品やサービスの変更に焦点を当てる

変更実現の管理プラクティスと、**組織変更の管理という管理プラクティス**（ITIL4ファンデーション試験範囲外のため本書では触れていません）を**区別する**ことが大切です。**変更実現では通常、製品やサービスの変更を対象とし、組織の変更は対象外**とします。

変更実施の判断

- 変更実現では、付加価値を提供する有益な変更を行う必要性と、変更による悪影響から顧客やユーザを保護する必要性のバランスを取らなければならない。変更は、必ずリスクと予期される便益を理解できる人が評価する必要がある。また、展開される前に承認を受けなければならない。ただし、このアセスメントを行うことにより無駄な遅れが生じないよう注意する必要がある

変更に伴う**マイナスのリスクと期待されるメリットをアセスメント**（評価）し、その**バランスを取る**必要があります。変更はこの**バランスを評価し、展開の承認を実施する**必要があります。

変更の承認

- 変更を承認する個人またはグループを変更許可委員と呼ぶ
- 変更の種類ごとに適切な変更許可委員を割り当てることが重要である
- 高いベロシティの組織では、変更の承認権限の分権化は一般的なプラクティスである

変更を承認する個人またはグループを**変更許可委員**と呼びます。**変更の種類ごとに適切な変更許可委員を割り当てることが重要**です。アジャイルやDevOpsなどを実践し、開発のサイクルを早く回している組織を**高いベロシティの組織**と呼びます。このような組織では、現場の技術者同士で技術的な観点をレビューし、マネージャがビジネス的な観点をレビューするなど、**承認権限を分権化します**。

変更スケジュールの用途

- 変更スケジュールは、変更の計画立案、連絡の支援、衝突の回避、リソースの割り当てに使用する
- 変更の展開後も、インシデント管理、問題管理、改善計画立案に必要な情報を提供するために使用する

変更スケジュールは**変更の実施前から実施後まで活用**されます。具体的な用途は**「変更の計画立案」「連絡の支援」「衝突の回避」「リソースの割り当て」「インシデント管理」「問題管理」「継続的改善」**です。

3種類の変更

3種類の変更の違いを理解しましょう。**図5.2-2**で全体像を理解してからそれぞれの変更の内容を理解するとわかりやすいです。**すべての変更**は何らかのかたちで**アセスメントと承認が必要**であることは理解しておきましょう。

	アセスメント	承認	スケジュール	リスク（影響）
通常の変更	要	要	要	中
標準的な変更	要 （事前に済）	要 （事前に済）	随時	低
緊急の変更	要	要	組み込まれない	高が多い

図5.2-2　3種類の変更の特徴

①通常の変更

▶標準プロセスに従ってスケジューリング、評価、承認を行う必要がある変更。アセスメントと承認を担当する役割は、変更の種類に基づく変更モデルにより決まる。通常の変更の中にはリスクの低いものもある。その場合、変更許可委員は通常、迅速な意思決定が可能な人物が担当する。変更を迅速化するために、自動化を利用することも少なくない。通常の変更でも、非常に重大なものである場合は、管理委員会（または同等の組織）が変更許可委員となることがある。通常の変更では、まず変更要求を作成する。変更要求は手動で作成する場合もあるが、継続的インテグレーションと継続的展開（デプロイメント）（CI/CD）のために自動化されたパイプラインを用意している組織では、多くの場合、変更実現・プロセスのほとんどのステップを自動化している

（i）**標準プロセスに従ってスケジューリング、評価、承認を行う必要がある変更**です。

（ii）**継続的インテグレーションと継続的展開のために自動化されたパイプラインを用意している組織は、変更実現のプロセスのほとんどのステップを自動化**している場合があります。

②標準的な変更

▶リスクが低く、あらかじめ承認された変更。内容が理解され、完全に文書化されており、実施にあたって再度承認を得る必要はない。多くの場合、標準的な変更はサービス要求として開始されるが、運用上の変更である場合もある。標準的な変更の手順を作成または変更した際には、その他の変更についても、完全なリスク・アセスメントと承認を実施する必要がある。このリスク・アセスメントは、標準的な変更を実施するたびに繰り返す必要はない。標準的な変更の実施方法に変更がある場合にのみ実行する必要がある

(ⅰ) **リスクが低く、あらかじめ承認された変更**です。

(ⅱ) **サービス要求で実施される多くの変更は標準的な変更**です。

(ⅲ) **個別にアセスメントと承認は不要**ですが、**手順を作成または変更する際にはアセスメントと承認が必要**です。

③緊急の変更

- 可能な限り迅速に実行する必要がある変更。例えば、インシデントの解決やセキュリティ・パッチの実装など。緊急の変更は、通常は変更スケジュールに組み込まれない。変更を迅速に実施できるように、アセスメントと承認のプロセスが素早く処理される。緊急の変更は、可能な限り、通常の変更と同じテスト、アセスメント、承認を受ける必要がある。ただし、文書化については、変更実施後まで延期することが認められる場合がある。時間的な制約から、少ないテストで変更を実施することが必要となる場合もある。また、緊急の変更のために、独立した変更許可委員を置く場合もある。通常、この委員には、関連するビジネス・リスクを理解している上級マネージャが数名加わる

(ⅰ) **可能な限り迅速に実行する必要がある変更**です。

(ⅱ) **変更スケジュールには含めません**。

(ⅲ) **アセスメント、承認は必要**ですが、**変更ログの文書化は事後でも良い**とされています。

(ⅳ) テストを**最低限にする場合もあります**（**変更実施後に完全なテストを行います**）。

5.2.2 展開管理

- 目的は、新規および変更されたハードウェア、ソフトウェア、文書、その他のコンポーネントを稼働環境に移行することである。テストやステージングなど、その他の環境へのコンポーネント展開に関わる場合もある
- 展開管理は、リリース管理および変更実現と緊密に連携するが、プラクティスとしては別のものである。展開管理は、インフラストラクチャ展開とソフトウェア展開の両方が対象である

この管理プラクティスの目的は、**新規および変更されたハードウェア、ソフトウェア、文書、その他のコンポーネントを稼働環境に移行（移動）すること**です。ユーザが利用できるようにする**リリース管理とは異なりますので**注意しましょう。

5.2.3　リリース管理

▶目的は、新規および変更されたサービスと特性を利用可能な状態にすることである

この管理プラクティスの目的は、**新規および変更されたサービスと特性を利用可能な状態にすること**です。

稼働環境に移動する展開管理、利用できるようにするリリース管理という違いを理解しましょう（**図5.2-3**）。

リリース

▶使用可能にしたサービスまたは他の構成アイテムのバージョン、あるいは構成アイテムの集合

日本ではリリースという用語を「リリースする」のように動詞的に使いますが、もともとの言葉の意味としてはいわゆる「リリース対象物」を指します。

リリースは要素としてインフラとアプリケーション、ドキュメント、ユーザのトレーニング、プロセスやツールの更新を含みます。

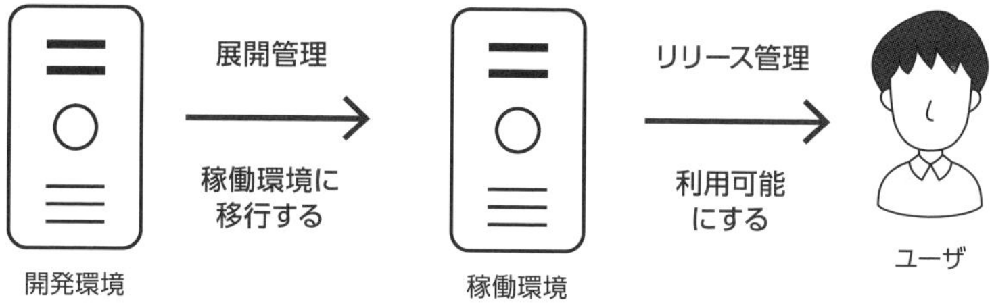

図5.2-3　展開管理とリリース管理の違い

開発手法とリリース、展開方針

商用環境/本番環境にリリース対象物を展開すると同時にユーザが利用できるようにさせる場合と、ネットワーク的、アプリケーション的な制御によりユーザには新しいバージョンを利用させない場合があります。開発手法ごとに主流な方針が異なります。

①従来型/ウォーターフォール

> ▶ **リリース管理と展開を1つのプロセスとして組み合わせて実行できる**

この方式では商用環境/本番環境にリリース対象物を展開すると同時にユーザが利用できるようにする場合が多いです。

②アジャイル/DevOps

> ▶ **展開後に大規模なリリース管理活動を実施する場合がある。通常はソフトウェアおよびインフラストラクチャを少しずつ展開し、その後のリリース管理活動で新しい機能を有効にする**

この方式では商用環境/本番環境にリリース対象物を展開してもネットワーク的、アプリケーション的な制御によりユーザには新しいバージョンを利用させない場合があります。

深く理解：開発手法とリリース、展開方針の補足

上記は開発手法ごとの主流な方針として紹介しましたが、「従来型/ウォーターフォール」は必ずしもリリースと展開が同時に実施されるわけではありません。

リリースと展開が同時に発生しない例としてブルーグリーンデプロイメントが挙げられます。これは、新しいバージョンのコンポーネントを公開する時に、古いバージョン（ブルー）と新しいバージョン（グリーン）の環境両方を並行して動かし、トラフィック（処理の流れ）を切り替えるという手法です。この手法は「従来型/ウォーターフォール」でもできないことは無いですが、あまり親和性が良くないため実施されることはまれです。

5.2.4　サービス構成管理

▸目的は、サービスの構成およびそれらを支援するCIに関する正確で信頼できる情報を、必要なときに必要なところで利用可能であることを確実にすることである。これには、CIを構成する方法とCI間の関連性についての情報が含まれる。構成情報の収集と維持に必要な労力と、情報によって生み出される価値のバランスを取ることが重要である

この管理プラクティスの目的は、**構成アイテム（CI）に関する正確な情報を利用できるようにすること**です。構成アイテム自体の情報だけではなく、**構成アイテム間の関連性**（機器Aと機器Bは負荷分散の構成になっているなど）**についての情報も含まれ**ます。これらの情報を細かい部分まで収集して維持することには大きな労力がかかるので、**どのレベルの情報までを管理するかについて検討することが重要**です。

構成アイテム（Configuration item　CI）

▸ITサービスを提供するために管理する必要がある、あらゆるコンポーネント

ハードウェア、ソフトウェア、ネットワーク、建物、人、サプライヤ、文書などのことです。**構成アイテム（CI）には経済的価値は無関係**であることを理解しましょう。

5.2.5　IT資産管理

▸目的は、組織の役に立つようにあらゆるIT資産の全ライフサイクルを計画して管理することである

この管理プラクティスの目的は、**あらゆるIT資産の全ライフサイクルを計画して管理すること**です。具体的には「価値の最大化」「**コストのコントロール**」「**リスクの管理**」「資産の購入、再利用および廃止に関する意思決定のサポート」「規制上および契約上の要件への対応」を実施します。

IT資産

▸IT製品またはITサービスの提供に利用できる、経済的な価値を持つすべてのコンポーネント

経済的な価値を持つことを理解しましょう。建物や情報など、経済的な価値があり、ITサービスの提供に必要な非IT資産も含まれます。

深く理解：IT資産と構成アイテムの違い

IT資産は経済的な価値を持ちますが、構成アイテム（CI）は経済的な価値の有無は関係ありません。しかし、この2つは別物ではなく、ソフトウェアやハードウェアなど、重複することが多いです。IT資産は（固定）資産台帳で管理するべき対象とイメージしてください。

復習 5.2 達成したら☑をいれよう！

「サービス移行フェーズに関係が深い管理プラクティス」共通

- ☐ 「サービス移行フェーズに関係が深い管理プラクティス」同士の関係性を理解する。
- ☐ 「変更（5.2.1）」「リリース（5.2.3）」「構成アイテム（5.2.4）」「IT資産（5.2.5）」の定義を記憶する。

5.2.1 変更実現

- ☐ 目的は「変更に伴うマイナスのリスクを評価し、変更が実施されることの承認とスケジュール管理を行い、これによりIT変更の成功する回数を最大化すること」であると理解する。
- ☐ 「変更実現」の適用範囲（スコープ）に何を含めるかは各組織で定義することを理解する。
- ☐ 「変更実現」と「組織変更の管理」の違いを理解する（変更実現では通常、製品やサービスの変更を対象とし、組織の変更は対象外とすることを理解する）。
- ☐ 変更に伴うマイナスのリスクと期待されるメリットをアセスメントし、そのバランスを取る必要があることを理解する。
- ☐ 変更の種類ごとに適切な変更許可委員を割り当てることが重要であると理解する。
- ☐ 変更スケジュールの用途を理解する。
- ☐ 3種類の変更とその特徴を理解する。

5.2.2 展開管理

- ☐ 目的は「新規および変更されたハードウェア、ソフトウェア、文書、その他のコンポーネントを稼働環境に移行（移動）すること」であると理解する。

5.2.3 リリース管理

- □ 目的は「新規および変更されたサービスと特性を利用可能な状態にすること」であると理解する。
- □ 稼働環境に移動する「展開管理」、利用できるようにする「リリース管理」という違いを理解する。

5.2.4 サービス構成管理

- □ 目的は「構成アイテム（CI）に関する正確な情報を利用できるようにすること」であると理解する。
- □ 構成アイテムに関する情報を収集するだけでなく、利用可能にすることを理解する。
- □ 構成アイテム間の関連性についての情報も扱うことを理解する。
- □ どのレベルの情報までを管理するかについて検討することが重要であると理解する。

5.2.5 IT資産管理

- □ 目的は「あらゆるIT資産の全ライフサイクルを計画して管理すること」であると理解する。
- □ 「コストのコントロール」と「リスクの管理」が実施する内容に含まれると理解する。
- □ 「IT資産」と「構成アイテム」の違いを理解する。

5.3 サービス運用フェーズに関係が深い管理プラクティス

ここでは「サービスを日々運用してゆくための活動」に関係が深い管理プラクティスを解説します。

対象の管理プラクティスは「サービスデスク」「サービス要求管理」「モニタリングおよびイベント管理」「インシデント管理」「問題管理」です。

まずは**図5.3-1**で管理プラクティス同士の関係性を理解しましょう。

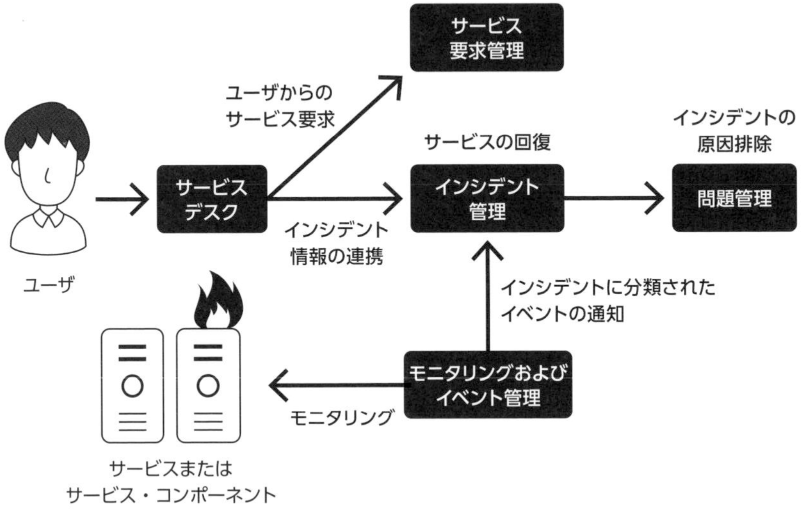

図5.3-1　サービス運用フェーズに関係が深い管理プラクティスの関係図

5.3.1 重要 サービスデスク

▶目的は、インシデント解決およびサービス要求の需要を収集することである

この管理プラクティスの目的は、**インシデント解決およびサービス要求の需要を収集すること**です。サービスデスクは**サービス・プロバイダとユーザの接点**となるものです。ユーザからの問い合わせは**インシデントまたはサービス要求のどちらかに分類**できます。**軽微なインシデントの解決や、インシデントの一次対応はサービスデスクで実施**します。

インシデント

▸ サービスの計画外の中断、またはサービスの品質の低下

サービスにとって好ましくない出来事と理解してください。**サービスが利用できていても**、正常時よりもレスポンスが遅い場合なども**インシデントとなります**。

インシデントの具体例

- アプリケーションのエラーによってアプリケーションが起動できず、サービスが利用できない。
- ネットワークのエラーによってサーバに接続できず、サービスが利用できない。
- 自然災害による機器の故障によって、サービスが利用できない。

サービス要求

▸ 通常のサービス提供の一部として合意されたサービス活動を開始する、ユーザまたは権限を与えられたユーザ代理人からの要求

インシデント以外のユーザからの問い合わせと理解してください。**フィードバック、称賛、苦情**が含まれることを理解しておきましょう。また、サービス要求を出すのは**ユーザまたは権限を与えられたユーザ代理人**です。**顧客ではないことに注意**しましょう。

サービス要求の具体例

- サービス提供活動の要求（レポートの提出やトナー・カートリッジの交換など）。
- 情報の要求（文書の作成方法やオフィスの営業時間など）。
- リソースやサービスの提供の要求（ユーザへの電話やノート PC の提供、開発チームへの仮想サーバの提供など）。
- リソースやサービスへのアクセスの要求（ファイルやフォルダへのアクセスの提供など）。
- フィードバック、称賛、苦情（新しいインタフェースに関する苦情やサポート・チームへの称賛など）。

単一窓口であるべし

> ▸サービスデスクはまた、サービス・プロバイダおよびそのすべてのユーザのための窓口であるべきである。言い換えると、IT組織またはサービス組織にとってのエントリ・ポイントかつ単一の連絡先として行動すべきである

単一窓口という用語を記憶しましょう。例えば、サービス要求の問い合わせ先と、インシデントの問い合わせ先を別々に設けてはいけません。窓口は１つであるべきです。

活動の中心は人のサポートの提供

> ▸サービスデスクは、ユーザ体験、およびサービス・プロバイダがユーザからどのように認識されるかに大きな影響を与える。自動化により、下位レベルの作業が減少し、個人的なコンタクトが必要な場合に優れたCXにさらに専念できるようになる

サービスデスクの業務は単に技術的な課題に対処することだけではありません。人（ユーザ）がサービス・プロバイダに対して良いイメージを持つようにすることが大切な業務です。**自動化はサービスデスクのコスト削減のためではなく、優れた顧客体験（Customer experience　CX）にさらに専念するために実施**することを理解してください。

スタッフに必要な３つのスキル

> ▸サービスデスクのスタッフは、特に、共感、インシデント分析と優先順位付け、効果的なコミュニケーション、EQ（心の知能指数）など、高い顧客サービス・スキルを発揮できる必要がある。必要とされる重要なスキルは、事業の優先度の観点から特定のインシデントを十分に理解して診断する能力と、利用可能なスキル、知識、人材、プロセスを使用して、インシデントを解決するための適切なアクションを実行する能力である

サービスデスクのスタッフに求められるスキルは**３つ**です。１つめは、**コミュニケーション能力**です。**心の知能指数（Emotional intelligence quotient　EQ）**という用語も押さえておきましょう。２つめは、**ビジネスに対する理解**です。３つめは、**自身のスキル以外**（人材やプロセスなど）**も利用してアクションを実行する能力**です。

▎チャネルの種類

> ▶音声通話、サービス・ポータルおよびモバイル・アプリケーション、チャット、電子メール、ウォーク・イン・サービスデスク、ディスカッション・フォーラム　など

サービスデスクには様々なチャネル（経路、形態）があります。ここではなじみの少ないチャネルを解説します。ウォーク・イン・サービスデスクとはユーザが訪問するタイプのサービスデスクです、大学の学生課をイメージしてください。

ディスカッション・フォーラムとはユーザ同士がWeb上でサービスについて議論をするタイプのサービスデスクです、外資系企業のWebサイトに多いイメージです。

▎タイプの種類

> ▶ローカルサービスデスク、中央集中型サービスデスク、仮想的なサービスデスクの３種類がある

ローカルサービスデスクはサービスデスクがユーザと物理的に近い場所に存在するタイプです。中央集中型サービスデスクは複数のサービスデスクを集約して設置するタイプです。仮想的なサービスデスクは地理的に分散した場所が、１つのサービスデスクのように機能するタイプです（いくつかの国と地域にサービスデスクが設置され、昼間の地域にあるサービスデスクが、世界中の問い合わせに対応するというイメージです）。**特に仮想的なサービスデスクの概念を理解しましょう**（図5.3-2）。

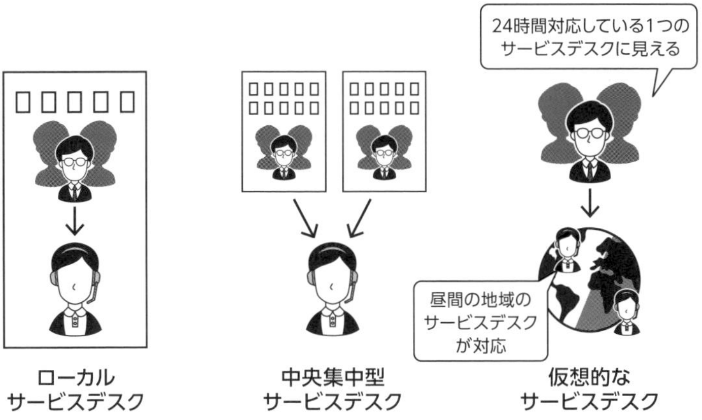

図5.3-2　サービスデスクのタイプ

5.3.2 重要 サービス要求管理

> ▸目的は、合意されユーザが開始したすべてのサービス要求を効果的かつユーザ・フレンドリーな方法で処理することによって、合意されたサービス品質を支援することである

この管理プラクティスの目的は、**ユーザが開始したすべてのサービス要求を処理し、合意済みのサービス品質を支援すること**です。

> **サービス要求（再掲）**
>
> ▸通常のサービス提供の一部として合意されたサービス活動を開始する、ユーザまたは権限を与えられたユーザ代理人からの要求

解説は「5.3.1　サービスデスク」の「サービス要求」の項目を参照してください。

プロセスと手順

> ▸サービス要求は、サービス提供の基本的な部分として事前に定義および合意されているため、通常は、開始、承認、履行、管理のための明確で標準的な手順で正式にすることができる

サービス要求には、均一な品質を提供する必要があるため、**明確で標準的なプロセスと手順を使用**します。

変更の実施

> ▸サービス要求の実現にはサービスやそのコンポーネントの変更が含まれることがあるが、通常は標準的な変更として実施する

通常、サービス要求に応えて**変更を実施する場合は標準的な変更**（「5.2.1　変更実現」参照）として実施します。

対応に必要な承認

> ▸サービス要求には、財務、情報セキュリティ、またはその他のポリシーに基づく承認が必要なものもあれば、必要ないものもある

サービス要求対応のために**承認が必要となる場合**があります。例えば、業務用PC

を追加するための財務承認などが挙げられます。

ワークフロー・モデル

> ▶サービス要求の種類に応じて実現ワークフローは異なるが、ワークフロー・モデルの数が限定されていれば、効率性と保守性の両方が向上する。新しいサービス要求をサービス・カタログに追加する必要がある場合は、可能な限り既存のワークフロー・モデルを活用すべきである

サービス要求はワークフローを持ちますが、**ワークフロー・モデルの数をある程度に絞ると、効率性と保守性が向上**します。

自動化

> ▶サービス要求の中には、送信からクローズまでを完全に自動化できるものもある。これにより、完全なセルフサービスが可能になる

サービス要求の中には**最初から最後まで完全に自動化が可能なものもあり**ます。例えば、レンタカー予約アプリのインストールなどです。**自動化はセルフサービス化する方針**で検討をするべきです。

5.3.3　モニタリングおよびイベント管理

> ▶目的は、サービスおよびサービス・コンポーネントを体系的にモニタリングし、イベントとして識別された状態の変更を選別して記録および報告することである

この管理プラクティスの目的は、**サービスおよびサービス・コンポーネントを体系的にモニタリングし、イベントとして識別された「状態の変更」を選別して記録および報告すること**です。ここではあくまで**状態の変更を検出して記録と報告を行うのみ**です。対応が必要な場合は「インシデント管理」「問題管理」「変更実現」など、別の管理プラクティスで実施します。

> **イベント**
>
> ▶サービスまたはその他の構成アイテム（CI）を管理するうえで重要な意味を持つ状態の変更

サービスそのもの、または構成アイテム（システム基盤やアプリケーションなど）の何らかの**状態の変更**です。その変更が意図したものか、想定外なものか。また、無益か、有益かなどは関係なく、**サービスに何らかの影響があるものすべてがイベント**として定義されます。例えば、サーバのメモリ追加作業に伴うメモリ使用率の低下や、ユーザのログインなどもイベントです。

モニタリング

▸イベントを検出し、現在のステータスを確実に把握するために、システム、プラクティス、プロセス、サービスまたはその他のエンティティを繰り返し観察すること

システム基盤およびアプリケーションをモニタリングツールなどで監視して、イベントを検出できるようにします。

イベントの分類例

例えば、システム基盤およびアプリケーションを監視して以下のようにイベントを分類し、決められた対応ができるように報告します。

- 「ユーザがアプリケーション使用のためにログインした」＝「情報」というカテゴリに分類し、ログとして記録する。
- 「サーバのメモリ使用量が、許容可能な限界レベルに近づいている」＝「警告」というカテゴリに分類し、自動的にメモリの追加を実施すると共に、担当者にメールを発出する。
- 「サーバがダウンした」＝「例外」というカテゴリに分類し、担当者にSMSを発出し、インシデント管理に対応を引き継ぐ。

5.3.4 重要 インシデント管理

▸目的は、可能な限り迅速にサービスを通常のサービスオペレーションに回復して、インシデントの悪影響を最小限に抑えることである

この管理プラクティスの目的は、**可能な限り迅速にサービスを通常のサービスオペレーションに回復して、インシデントの悪影響を最小限に抑えること**です。

インシデント（再掲）

▶サービスの計画外の中断、またはサービスの品質の低下

解説は「5.3.1　サービスデスク」の「インシデント」の項目を参照してください。

エスカレーション

▶課題や作業項目の情報を共有する、またはそのオーナシップを移管する活動

専門部隊や上位の管理者に状況を報告して、インシデントの解決を依頼したり、指示を仰いだりすることです。

インシデント解決の目標時間

▶顧客とユーザの期待通りの時間内にインシデントを確実に解決するために、すべてのインシデントは記録され、管理されるべきである。目標解決時間を合意、文書化、伝達し、期待を実現可能なものとする必要がある

顧客とユーザの期待する時間内にインシデントを解決します。この時間は目標解決時間としてSLAに組み込みます。

インシデント・レコード

▶インシデントに関する情報は、適切なツール内のインシデント・レコードに保存する必要がある。また、このツールは、診断と復旧を迅速かつ効率的に行えるように、関連する構成アイテム、変更、問題、既知のエラー、その他の情報へのリンクを備えていることが理想的である

すべての**インシデントはインシデント・レコードとして記録**されるべきです。また、インシデント・レコードは**関連する構成アイテム（CI）、変更、問題、既知のエラー**などと**ツール内でリンク**させておくことが理想的です。

優先順位付け

> ▸ビジネス・インパクトが最も大きいインシデントが最初に解決されるように、インシデントには合意された分類（低、中、高、など）に基づいて優先順位を設定する

ビジネス上の影響が大きいインシデントから先に解決されるように、インシデントに「合意された分類に基づいた優先順位付け」をします。

カテゴリ分け

> ▸複雑なインシデントは通常、サポート・チームにエスカレーションして解決する。一般的に、ルート選択はインシデント・カテゴリに基づいて行う。このインシデント・カテゴリとは、適切なチームの特定をサポートするものである

正しいエスカレーション先に割り当てるため、インシデントをカテゴリ分けします。例えば、情報セキュリティに分類されるインシデントは、即時社長にエスカレーションする。レンタカー予約アプリのデータベースが原因のエラーに分類されるものはデータベースの担当にエスカレーションするなどの対応をします。

重大なインシデント

> ▸通常、重大なインシデントを管理するためのプロセスと、情報セキュリティ・インシデントを管理するプロセスは分かれている。

重大なインシデントや、情報セキュリティ・インシデントはビジネスに与える影響がとても大きいため、**個別のプロセスを整備**します。サービス・プロバイダ、サプライヤ、ユーザなど、様々な利害関係者の代表者が参加する**臨時チームを編成する場合**もあります。

コミュニケーションと協働

①サービスデスク

> ▸サービスデスクが解決するインシデントもある

軽微なインシデントはサービスデスクで解決することもあります。例えば、ユーザ側の端末を再起動することで解決することがわかっているインシデントについて、ユーザに再起動を案内することなどがこれにあたります。

②サプライヤまたはパートナ

> ▸インシデントは、製品およびサービスのサポートを提供するサプライヤまたはパートナにエスカレーションする場合もある
>
> ▸サービス・プロバイダの顧客に対する責任とサプライヤの義務を一致させるサポート契約が必要である。インシデント発生時のサプライヤとのコミュニケーション管理もインシデント管理の一部である

サプライヤまたはパートナを巻き込むために、**サポート契約を結ぶ**ことを推奨しています。**インシデント発生時のコミュニケーションはインシデント管理の一部として実施**します。

インシデントの解決

①手順書化

> ▸複雑なインシデントの調査には手順よりも専門知識やナレッジが必要である。インシデントを調査、診断、解決する方法の詳細手順は含めることはできない

複雑なインシデントの調査、診断、解決方法の詳細は手順書化することができません。

②災害復旧計画

> ▸一部の極端なケースでは、インシデントを解決するために災害復旧計画を実行することもある

災害復旧計画とはシステムが致命的なダメージを受けたときに復旧をするための手順です。地震や火事などの災害発生時以外に、**コンピューターウイルスなどソフトウェア的なダメージを受けた場合にも発動することがあります**。

5.3.5 重要 問題管理

> ▸目的は、インシデントの実際の原因と潜在的な原因を特定し、ワークアラウンドと既知のエラーを管理することで、インシデントの発生する可能性とインパクトを抑えることである

この管理プラクティスの目的は、**インシデントの原因を調査し、原因を解消する方法を見つけること**です。これにより、**インシデントの数を減らしたり、再発した**

際にすぐに解消できるようにしたりします。

問題

- 1つまたは複数のインシデントの原因、または潜在的原因

既知のエラー

- 分析済みだが未解決の問題

ワークアラウンド

- まだ完全な解決策がないインシデントまたは問題のインパクトを軽減または排除するソリューション

ワークアラウンドは「暫定対処策」とイメージしてください。**必ず適用条件もセット**です。「いくつかの手順のうちどれかが効果をもたらす」のようなソリューションは適切ではありません。ワークアラウンドは**問題レコードに文書化**されます。

問題管理の3つの流れ

①問題の識別と記録

- サービスデスクで繰り返し発生する課題を検出する
- インシデントが再発するリスクを識別する
- 内部の開発者、テストチーム、プロジェクトチームやサプライヤとパートナから得た情報を分析する

上記の3つは記憶しましょう。

②問題のコントロール

- 問題がもたらすリスク、インパクト、発生確率に基づいて、問題を分析する優先順位づけを支援する

問題の優先順位づけはビジネスへのリスクを考慮する必要があることを理解しましょう

▸サービスマネジメントの４つの側面から問題を分析する

優先順位が高い問題から分析します。リソースは有限なため、**すべての問題を分析する必要はありません。**

▸問題がすぐに解決できない場合、ワークアラウンドと既知のエラーの文書化を実施する。ワークアラウンドは問題レコードに文書化される。完全解決できない、あるいは費用対効果が良くない場合、ワークアラウンドを策定して、問題の完全な解決を行わない場合がある。この場合、問題は「既知のエラー」のままになる

問題が解決できない、つまり技術的に難しかったり、コスト的に難しかったりする場合、**ワークアラウンドが恒久的な対処策となる**（**暫定対処を永久にとり続ける**）場合があります。この場合、**問題レコード**は削除されたりクローズ（完了）にされたりすることはなく、**「既知のエラー」のまま残り続ける**ことを理解しましょう。

③エラーコントロール

▸解決されていない既知のエラーを定期的にアセスメントする

既知のエラーを定期的にアセスメント（評価）します。具体的には、このまま**ワークアラウンドを実施し続けるか、恒久的な解決策が実施可能か**再アセスメントします。また、**ワークアラウンドの有効性も再アセスメント**します。

他のプラクティスとの関係性

変更実現、インシデント管理、継続的改善などと関係が深いです。

- 問題の解決策の**実装は問題管理で直接行うのではなく、変更実現プラクティス**を通じて実施します。
- 問題管理のアウトプットは**ワークアラウンドや既知のエラーの情報**であり、これを**インシデント管理で活用**します。
- 問題管理の活動は、**改善機会**となります。**継続的改善管理表に登録、優先順位づけして管理**します。

ちょっと一息　モニタリングおよびイベント管理、インシデント管理、問題管理の関係性

　モニタリングおよびイベント管理とインシデント管理、問題管理の関係性を火事で例えると、モニタリングおよびイベント管理は火災報知器です。火事が発生したら消防署に通報します。インシデント管理は消火活動です。通報を受けて消防車がかけつけ消火活動をします。問題管理は消火後の原因調査と再発防止です。火事の要因をつきとめて、火事が再発しないようにします（**図5.3-3**）。

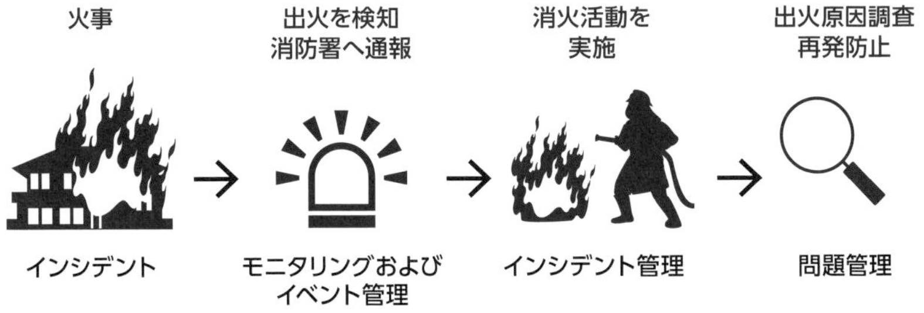

図5.3-3　モニタリングおよびイベント管理、インシデント管理、問題管理の関係性

復習 5.3 達成したら☑をいれよう！

「サービス運用フェーズに関係が深い管理プラクティス」共通

- □ 「サービス運用フェーズに関係が深い管理プラクティス」同士の関係性を理解する。
- □ 「インシデント（5.3.1）」「サービス要求（5.3.1）」「イベント（5.3.3）」「モニタリング（5.3.3）」「エスカレーション（5.3.4）」「問題（5.3.5）」「既知のエラー（5.3.5）」「ワークアラウンド（5.3.5）」の定義を記憶する。

5.3.1 サービスデスク

- □ 目的はインシデント解決およびサービス要求の需要を収集することであると理解する。
- □ 軽微なインシデントの解決や、インシデントの一次対応はサービスデスクで実施することを理解する。
- □ 「インシデント」と「サービス要求」の違いを理解する。

□ 「サービス要求」にはフィードバック、称賛、苦情が含まれることを理解する。

□ サービスデスクは単一窓口であるべきことを理解する。

□ 自動化は優れた顧客体験（CX）にさらに専念するために実施することを理解する。

□ スタッフに必要な3つのスキルを理解する。

□ チャネルやタイプの種類を理解する。

5.3.2 サービス要求管理

□ 目的はユーザが開始したすべてのサービス要求を処理し、合意済みのサービス品質を支援することであると理解する。

□ 明確で標準的なプロセスと手順を使用することを理解する。

□ 変更を実施する場合は標準的な変更として実施することを理解する。

□ 対応のために承認が必要となる場合があることを理解する。

□ ワークフロー・モデルの数をある程度に絞ると、効率性と保守性が向上することを理解する。

□ 自動化はセルフサービス化する方針で検討することを理解する。

5.3.3 モニタリングおよびイベント管理

□ 目的は「サービスおよびサービス・コンポーネントを体系的にモニタリングし、イベントとして識別された「状態の変更」を選別して記録および報告すること」であると理解する。

5.3.4 インシデント管理

□ 目的は「可能な限り迅速にサービスを通常のサービスオペレーションに回復して、インシデントの悪影響を最小限に抑えること」であると理解する。

□ インシデントの目標解決時間をSLAに組み込むことを理解する。

□ インシデントをインシデント・レコードとして記録することを理解する。

□ インシデント・レコードは関連する構成アイテム（CI）、変更、問題、既知のエラーなどとツール内でリンクさせることを理解する。

□ インシデントを優先順位付けする目的は、ビジネス上の影響が大きいインシデントから先に解決されるようにするためであると理解する。

□ インシデントをカテゴリ分けする目的は、正しいエスカレーション先に割り当てるためであると理解する。

□ 重大なインシデントや、情報セキュリティ・インシデントは個別のプロセスを整備することを理解する。

- □ 軽微なインシデントはサービスデスクで解決することがあると理解する。
- □ サプライヤまたはパートナを巻き込むために、サポート契約を結ぶことを推奨していると理解する。
- □ 複雑なインシデントの調査、診断、解決方法の詳細は手順書化することができないと理解する。
- □ インシデントを解決するために災害復旧計画を実行することもあると理解する。

5.3.5 問題管理

- □ 目的は「インシデントの原因を調査し、原因を解消する方法を見つけること」であると理解する。
- □ ワークアラウンドは必ず適用条件もセットであることを理解する。
- □ ワークアラウンドは問題レコードに文書化されることを理解する。
- □ 問題管理の3つの流れを理解する。
- □ 他のプラクティスとの関係性を理解する。
- □ モニタリングおよびイベント管理とインシデント管理、問題管理の関係性を理解する。

5.4 サービス全体を通じて関係する継続的改善

　ここではサービス全体を通じて実施される、継続的改善の管理プラクティスを解説します。対象の管理プラクティスは「継続的改善」です。

5.4.1 重要 継続的改善

> ▸目的は、サービス、サービス・コンポーネント、プラクティス、さらに製品およびサービスの効率的かつ効果的な管理に関係するあらゆる要素を継続的に特定して改善することによって、組織のプラクティスおよびサービスを、変化するビジネス・ニーズと整合させることである

　この管理プラクティスの目的は、**改善により組織のプラクティスおよびサービスを、変化するビジネス・ニーズと整合させること**です。「改善」と聞くと「理想の状態に近づけること」とイメージしがちですが、ITIL4では理想の状態は変化し続けるという考え方が強く反映されており「**改善とは変化への適応**」と捉える方が適切です。

▍継続的改善管理表（Continual improvement register：CIR）

> ▸識別から最終的なアクションまで、改善案を追跡および管理するために、組織は継続的改善管理表（CIR）と呼ばれるデータベースまたは構造化された文書を使用する。個人、チーム、部門、事業部門および組織レベルで複数のCIRを管理できるため、1つの組織に複数のCIRが存在する場合もある。組織によっては、単一のマスタCIRを維持している

　改善の**アイデア識別から最終的に取られたアクションまでを追跡**し、管理するための管理簿です。組織内に**複数のCIRが存在する場合**もあり、**マスタとして1本のCIRを持つ場合**もあります。

> ▸改善案は、プロジェクトの実施中またはソフトウェアの開発活動中など、他の場所で他のプラクティスを通じて最初から記録することもできる。その場合は、継続的改善の取り組みの一環として改善案に注目するために文書化することが重要である

　改善案は組織内のあらゆる活動から提案できますが、**CIRに文書化することが重要**です。

> ▸重要なのは、改善が記録され、文書化され、評価され、優先度が付けられ、適切に実施されることで、組織およびそのサービスが常に改善されていくことを確実にすることである

改善案は「**記録**」「**文書化**」「**評価**」「**優先度付け**」をします。

❚継続的改善と組織構造

> ▸継続的改善は全員の責務である
>
> ▸組織の上層部が、スタッフの考え方や業務方法に継続的改善への貢献を組み込むことに責任を負うべきである。上層部のリーダーシップと継続的改善への目に見えるコミットメント無しに、あらゆるレベルのすべての業務で改善を意識する水準まで、スタッフの姿勢、行動、カルチャが改革されることはない

継続的改善は組織全員の責務です。**組織全員がすべての業務で改善を意識するためには、行動とカルチャを変えてゆく必要**があります。**行動とカルチャを変えるためには組織上層部のリーダーシップとコミットメントが重要**です。

> ▸全スタッフが何らかの形で貢献するべきであるが、専任で継続的改善を主導し、少なくとも、組織全体でこのプラクティスを推進する、少人数のチームが必要である。このチームは、コーディネータ、ガイドおよびメンターとして、組織内の他のスタッフが必要なスキルを身に付けられるよう支援し、困難に直面した場合はその対処方法を指導する

継続的改善は組織全員の責務ですが、**専任で継続的改善を実施するチームが必要**です。

> ▸サービスの一部をサードパーティのサプライヤが担っている場合は、そのサプライヤも継続的改善の一部であるべきである。サプライヤとサービス契約を結ぶ際には、契約期間中にサプライヤがサービスを測定し、報告し、改善する方法の詳細を契約内容に含めることが望まれる。社内の改善に取り組むためにサプライヤからのデータが必要な場合は、同様に契約書に記述すべきである

サプライヤとの契約内容に継続的改善の活動を含めることが望ましいです。

継続的改善とデータ

> ▶入念に分析し理解された正確なデータは、改善のための事実に基づく意思決定の根拠となる。継続的改善プラクティスは、それぞれの潜在的な改善が十分理解され、優先度をつけて取り組まれるよう、関連するデータソースおよびデータ分析に裏付けられているべきである

継続的改善の意思決定はデータを根拠に実施するべきです。

継続的改善モデル

> ▶ITIL継続的改善モデルは、改善の取り組みをサポートする概略的なガイドとして利用できる。このモデルを使用することで、ITSM の取り組みが成功する可能性が高まると共に、顧客価値に重点が置かれ、改善に取り組む努力が組織のビジョンと確実にリンクされるようになる。このモデルは、改善への反復的なアプローチをサポートし、段階的に達成できるように最終目標を区切り、作業を管理可能な部分に分割する

継続的改善モデルとは**図5.4-1**のサイクルです。重要なポイントは次の4つです。

①**最初のステップ**として「**ビジョンは何か？**」**で組織のビジョンや目標を確認**します。

②「**我々はどこにいるのか？**」**でベースライン・アセスメントを実施して、意思決定をするためのデータを集めます**。

③「**我々はどこを目指すのか？**」**で測定可能な目標を立て、「我々は達成したのか？」で測定基準とKPIを評価することによって、目標の達成確認をします**。

④継続的改善モデルの**サイクルを何度も回すことが大切**で、サイクルを回すために**カルチャのレベルで継続的改善を浸透させる必要**があります。

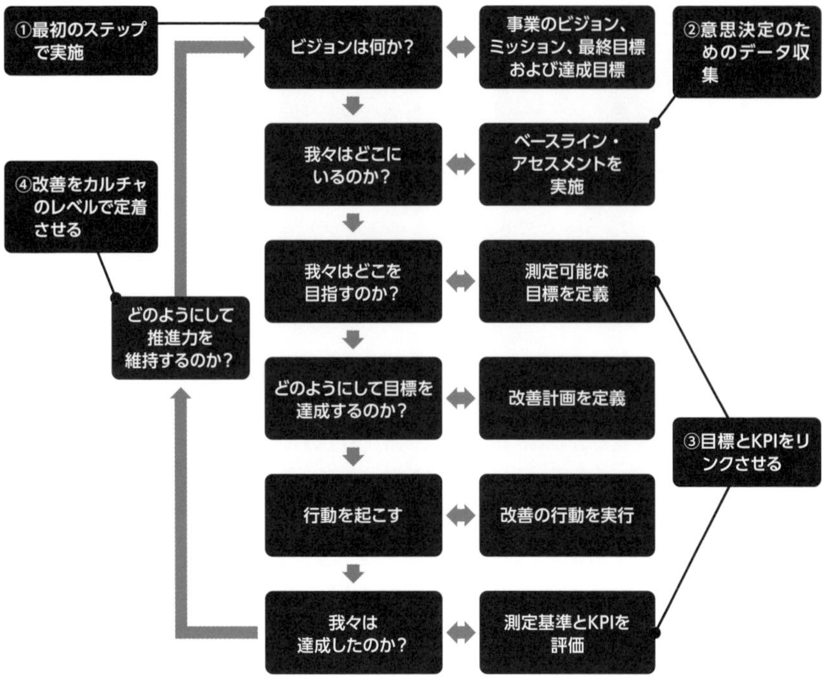

図5.4-1　継続的改善モデル

復習 5.4 達成したら✔をいれよう！

□ 継続的改善の目的は「改善により組織のプラクティスおよびサービスを、変化するビジネス・ニーズと整合させること」であると理解する。

□ 継続的改善管理表（CIR）は「改善のアイデア識別から最終的に取られたアクションまでを追跡し、管理するための管理簿」であると理解する。

□ 組織内に複数のCIRが存在する場合もあり、マスタとして1本のCIRを持つ場合もあることを理解する。

□ 改善案は組織内のあらゆる活動から提案できるが、CIRに文書化することが重要であることを理解する。

□ 改善案は「記録」「文書化」「評価」「優先度付け」をすると理解する。

□ 継続的改善は組織全員の責務であると理解する。

□ 組織全員がすべての業務で改善を意識するためには、行動とカルチャを変えてゆく必要があると理解する。

- [ ] 行動とカルチャを変えるためには組織上層部のリーダーシップとコミットメントが重要であると理解する。
- [ ] 専任で継続的改善を実施するチームが必要であると理解する。
- [ ] サプライヤとの契約内容に継続的改善の活動を含めることが望ましいと理解する。
- [ ] 継続的改善の意思決定はデータを根拠に実施するべきであると理解する。
- [ ] 継続的改善モデルの4つのポイントを理解する。

5.5 章末問題

設　問

設問 1/10

SLAを作成するうえで最も適切なポイントはどれですか？

A 継続的に測定することが重要なため、測定しやすい項目を優先的に選択する

B 価値が重要なため、成果に関連した、定量的定性的な指標をバランスよく選択する

C なるべくサービス・プロバイダの意図通りにコントロールするため、顧客とサービス・プロバイダのみで作成する

D 顧客のサービスへの期待を反映するため、スイカSLAを理想として目指す

設問 2/10

変更についての記述として、正しいものはどれですか？

A 標準的な変更は、あらかじめ承認されており、手順が修正されても実施にあたって再度承認を得る必要はない

B 通常の変更は、リスクが低く、あらかじめ承認された変更である

C 通常の変更は、継続的インテグレーションと継続的展開を実施している場合、変更実現のプロセスのほとんどのステップを自動化していることがある

D 緊急の変更は、優先的に変更スケジュールに組み込まれ、可能な限り迅速に実行する必要がある変更である

設問
3/10

「サービスデスク」についての記述として、正しいものはどれですか？

A ユーザと物理的に近い場所に存在する必要がある

B コスト削減のため、自動化をする

C ユーザのための単一窓口である

D 技術的な知識が最も求められる能力である

設問
4/10

ユーザのフィードバック、称賛、苦情を処理する管理プラクティスはどれですか？

A サービス要求管理

B サービスレベル管理

C インシデント管理

D 継続的改善

設問

5/10

「エスカレーション」の説明はどれですか？

- **A** 行動を起こした人物がそれを否定できないようにすること
- **B** 相手が名乗った通りの本人であることを確かめること
- **C** サービスに直接的または間接的に影響を及ぼす可能性がある何らかの追加、修正、削除
- **D** 課題や作業項目の情報を共有する、またはそのオーナシップを移管する活動

設問

6/10

「インシデント管理」についての記述として、適切なものはどれですか？

- **A** 軽微なインシデントは、サービスデスクで解決することもある
- **B** インシデント・レコードはCI（構成アイテム）、変更、問題、既知のエラーと独立させておく
- **C** ビジネス上の影響が大きいインシデントから先に解決されるように、インシデントをカテゴリ分けする
- **D** 正しいエスカレーション先に割り当てるため、インシデントを優先順位付けする

設問 7/10

インシデント管理の目的はどれですか？

A サービスおよびサービス・コンポーネントを体系的にモニタリングし、イベントとして識別された状態の変更を選別して記録および報告すること

B インシデントの実際の原因と潜在的な原因を特定し、ワークアラウンドと既知のエラーを管理することで、インシデントの発生する可能性とインパクトを抑えること

C 組織のプラクティスおよびサービスを、変化するビジネス・ニーズと整合させること

D 可能な限り迅速にサービスを通常のサービスオペレーションに回復して、インシデントの悪影響を最小限に抑えること

設問 8/10

問題管理の流れに関する記述として適切でないものはどれですか？

A 解決されていない既知のエラーを定期的にアセスメントする

B 優先順位が高い問題から分析する。必ず、すべての問題を分析する必要がある

C 完全解決できない、あるいは費用対効果が良くない場合、ワークアラウンドを策定して、問題の完全な解決を行わない場合がある

D サービスデスクで繰り返し発生する課題を検出する

設問 9/10

意思決定をするためのデータを収集するのは継続的改善モデルのどのステップですか？

A ビジョンは何か？

B 我々はどこにいるのか？

C 我々はどこを目指すのか？

D 我々は達成したのか？

設問 10/10

問題解決に関係が深い管理プラクティスの組み合わせはどれですか？

1.サプライヤ管理　2.情報セキュリティ管理
3.変更実現　4.継続的改善

A 1および2

B 2および3

C 3および4

D 1および4

解　説

1	2	3	4	5

設問 1 /10

SLAを作成するうえで最も適切なポイントはどれですか？

A 継続的に測定することが重要なため、測定しやすい項目を優先的に選択する

→サービスに関連している項目を定めることが大切です。測定しやすさで項目を選択してはいけません。

B 価値が重要なため、成果に関連した、定量的定性的な指標をバランスよく選択する

→正しい選択肢です。

C なるべくサービス・プロバイダの意図通りにコントロールするため、顧客とサービス・プロバイダのみで作成する

→ユーザや顧客だけではなく、共にサービスを提供するパートナやサプライヤにも関与してもらうことが重要です。

D 顧客のサービスへの期待を反映するため、スイカSLAを理想として目指す

→SLAが不適切で、SLAを満たしていても顧客が不満を抱いている状態をスイカSLA効果と言います。スイカSLAは避けるべきです。

正解：B　難易度：中　本文：5.1.1　サービスレベル管理

一見正しい選択肢に惑わされないようにしましょう。誤った選択肢が誤っている理由を確認して、SLAを作成するうえで重要なすべてのポイントを理解しましょう。詳細ポイントは本文に戻って確認してください。

□	□	□	□	□
1	2	3	4	5

設問 2/10

変更についての記述として、正しいものはどれですか？

A 標準的な変更は、あらかじめ承認されており、手順が修正されても実施にあたって再度承認を得る必要はない

→標準的な変更に分類される変更でも、手順が修正（変更）された場合は、改めてアセスメントと承認が必要となります。

B 通常の変更は、リスクが低く、あらかじめ承認された変更である

→標準的な変更の説明です。

C 通常の変更は、継続的インテグレーションと継続的展開を実施している場合、変更実現のプロセスのほとんどのステップを自動化していることがある

→正しい選択肢です。

D 緊急の変更は、優先的に変更スケジュールに組み込まれ、可能な限り迅速に実行する必要がある変更である

→緊急の変更は、通常は変更スケジュールに組み込まれません。

正解：C　難易度：高　本文：5.2.1　変更実現

細かい内容の理解を問う、難易度が高い設問です。しかし、誤りの選択肢にはポイントを理解していれば正しくないとわかる内容が含まれています。消去法で解答できるようにしましょう。

□ □ □ □ □
1 2 3 4 5

設問 3/10

「サービスデスク」についての記述として、正しいものはどれですか？

A ユーザと物理的に近い場所に存在する必要がある

→「中央集中型サービスデスク」や「仮想的なサービスデスク」は必ずしもユーザと物理的に近い場所に存在するわけではありません。

B コスト削減のため、自動化をする

→自動化はサービスデスクのコスト削減のためではなく、優れた顧客体験（CX）にさらに専念するために実施します。

C ユーザのための単一窓口である

→正しい選択肢です。

D 技術的な知識が最も求められる能力である

→サービスデスクのスタッフに求められるスキルは３つです。１つめはコミュニケーション能力です。EQ（心の知能指数）という用語も押さえておきましょう。２つめはビジネスに対する理解です。３つめは自身のスキル以外（人材やプロセスなど）も利用してアクションを実行する能力です。

正解：C　難易度：中　本文：5.3.1　サービスデスク

「サービスデスク」の重要なポイントを理解しましょう。詳細ポイントは本文に戻って確認してください。

□ □ □ □ □
1 2 3 4 5

設問 4/10

ユーザのフィードバック、称賛、苦情を処理する管理プラクティスはどれですか？

A サービス要求管理

→正しい選択肢です。

B サービスレベル管理

→サービスレベル管理には、顧客とのエンゲージとフィードバックが重要です。しかし、問われている内容には該当しません。

C インシデント管理

→インシデント管理では、ユーザからの申告を起点として活動を開始する場合があります。しかし、問われている内容には該当しません。

D 継続的改善

→継続的改善は、サービスをビジネス・ニーズに整合させます。しかし、問われている内容には該当しません。

正解：A　難易度：中　本文：5.3.2　サービス要求管理

サービス要求には「フィードバック、称賛、苦情」が含まれることを記憶しましょう。誤っている選択肢は顧客やユーザとのフィードバックを含めたエンゲージが大切な管理プラクティスです。それぞれの内容を正しく理解しましょう。

1 2 3 4 5

設問 5/10

「エスカレーション」の説明はどれですか？

A 行動を起こした人物がそれを否定できないようにすること

→「否認防止」の説明です。

B 相手が名乗った通りの本人であることを確かめること

→「認証」の説明です

C サービスに直接的または間接的に影響を及ぼす可能性がある何らかの追加、修正、削除

→「変更」の説明です。

D 課題や作業項目の情報を共有する、またはそのオーナシップを移管する活動

→正しい選択肢です。

正解：D　難易度：低　本文：5.3.4　インシデント管理

管理プラクティスに関連する用語の定義を記憶しましょう。

□ □ □ □ □
1 2 3 4 5

設問 6/10

「インシデント管理」についての記述として、適切なものはどれですか？

A 軽微なインシデントは、サービスデスクで解決することもある

→正しい選択肢です。

B インシデント・レコードはCI（構成アイテム）、変更、問題、既知のエラーと独立させておく

→インシデント・レコードは関連するCI（構成アイテム）、変更、問題、既知のエラーなどとツール内でリンクさせておくのが理想的です。

C ビジネス上の影響が大きいインシデントから先に解決されるように、インシデントをカテゴリ分けする

→ビジネス上の影響が大きいインシデントから先に解決されるように、インシデントに優先順位付けをします。

D 正しいエスカレーション先に割り当てるため、インシデントを優先順位付けする

→正しいエスカレーション先に割り当てるため、インシデントをカテゴリ分けします。

正解：A　難易度：中　本文：5.3.4　インシデント管理

軽微なインシデントはサービスデスクが解決する場合もあります。また、インシデントを「カテゴリ分け」と「優先順位付け」する目的を正しく理解しましょう。

1 2 3 4 5

設問 7/10

インシデント管理の目的はどれですか？

A サービスおよびサービス・コンポーネントを体系的にモニタリングし、イベントとして識別された状態の変更を選別して記録および報告すること

→「モニタリングおよびイベント管理」の目的です。

B インシデントの実際の原因と潜在的な原因を特定し、ワークアラウンドと既知のエラーを管理することで、インシデントの発生する可能性とインパクトを抑えること

→「問題管理」の目的です。

C 組織のプラクティスおよびサービスを、変化するビジネス・ニーズと整合させること

→「継続的改善」の目的です。

D 可能な限り迅速にサービスを通常のサービスオペレーションに回復して、インシデントの悪影響を最小限に抑えること

→正しい選択肢です。

正解：D　難易度：中　本文：5.3.4　インシデント管理

この設問には、イメージが近い目的を持つ管理プラクティスを集めました。各管理プラクティスの目的を理解しましょう。

□ □ □ □ □
1 2 3 4 5

設問 8/10

問題管理の流れに関する記述として適切でないものはどれですか？

A 解決されていない既知のエラーを定期的にアセスメントする

→誤った（適切な内容が記述された）選択肢です。

B 優先順位が高い問題から分析する。必ず、すべての問題を分析する必要がある

→正しい（不適切な内容が記述された）選択肢です。

C 完全解決できない、あるいは費用対効果が良くない場合、ワークアラウンドを策定して、問題の完全な解決を行わない場合がある

→誤った（適切な内容が記述された）選択肢です。

D サービスデスクで繰り返し発生する課題を検出する

→誤った（適切な内容が記述された）選択肢です。

正解：B　難易度：高　本文：5.3.5　問題管理

細かい内容の理解を問う、難易度が高い設問です。問題管理の中では、優先順位が高い問題から分析します。しかし、リソースは有限なためすべての問題を分析する必要はありません。

☐ ☐ ☐ ☐ ☐
1 2 3 4 5

設問 9/10

意思決定をするためのデータを収集するのは継続的改善モデルのどのステップですか？

A ビジョンは何か？

→このステップでは組織のビジョンや目標を確認します。

B 我々はどこにいるのか？

→正しい選択肢です。

C 我々はどこを目指すのか？

→このステップでは測定可能な目標を立てます。

D 我々は達成したのか？

→このステップでは「我々はどこを目指すのか？」で立てた目標の達成確認をします。

正解：B　難易度：中　本文：5.4.1　継続的改善

継続的改善で重要なポイント4点を理解しましょう。

①最初のステップとして「ビジョンは何か？」で組織のビジョンや目標を確認します。

②「我々はどこにいるのか？」で意思決定をするためのデータを集めます。

③「我々はどこを目指すのか？」で測定可能な目標を立て、「我々は達成したのか？」で達成確認をします。

④継続的改善モデルのサイクルを何度も回すことが大切で、サイクルを回すためにカルチャのレベルで継続的改善を浸透させる必要があります。

1	2	3	4	5

設問 10/10

問題解決に関係が深い管理プラクティスの組み合わせはどれですか？

1.サプライヤ管理　2.情報セキュリティ管理
3.変更実現　4.継続的改善

A 1および2

→最も適切な組み合わせではありません。

B 2および3

→最も適切な組み合わせではありません。

C 3および4

→正しい選択肢です。

D 1および4

→最も適切な組み合わせではありません。

正解：C　難易度：高　本文：5章　複合

複合的に理解を問う、難易度が高い設問です。問題解決は主に「問題管理」にて実施します。「問題管理」に関連の深い管理プラクティスは以下の通りです。他の管理プラクティスも関連が無いわけではありませんが、以下の管理プラクティスが最も関連性が高いグループです。

変更実現	問題の解決策の実装は問題管理で直接行うのではなく、変更実現プラクティスを通じて実施します。
インシデント管理	問題管理のアウトプットはワークアラウンドや既知のエラーの情報であり、これをインシデント管理で活用します。
継続的改善	問題管理の活動は、改善機会となります。継続的改善管理表に登録、優先順位づけして管理します。

第6章

模擬試験と解説

2回分、合計80問の模擬試験と解説です。誤り選択肢も含めて何度も復習することを推奨します。

工夫.その5 学習効果が高い模擬試験

・本番試験に近い「難易度配分」と「設問の文章」を備えた模擬試験を用意しました。

・なるべく１つの設問で複数の「記憶」と「理解」を確認できる模擬試験を用意しました。

模擬試験１　問題……174

解答・解説……196

模擬試験２　問題……244

解答・解説……266

第6章 模擬試験と解説

2回分の模擬試験を収録しました。

▍効果的な本書「章末問題」と「模擬試験」の利用方法

本書の「章末問題」と「模擬試験」を効果的に利用する3つのポイントを紹介します。（再掲：**図2.3-1**）

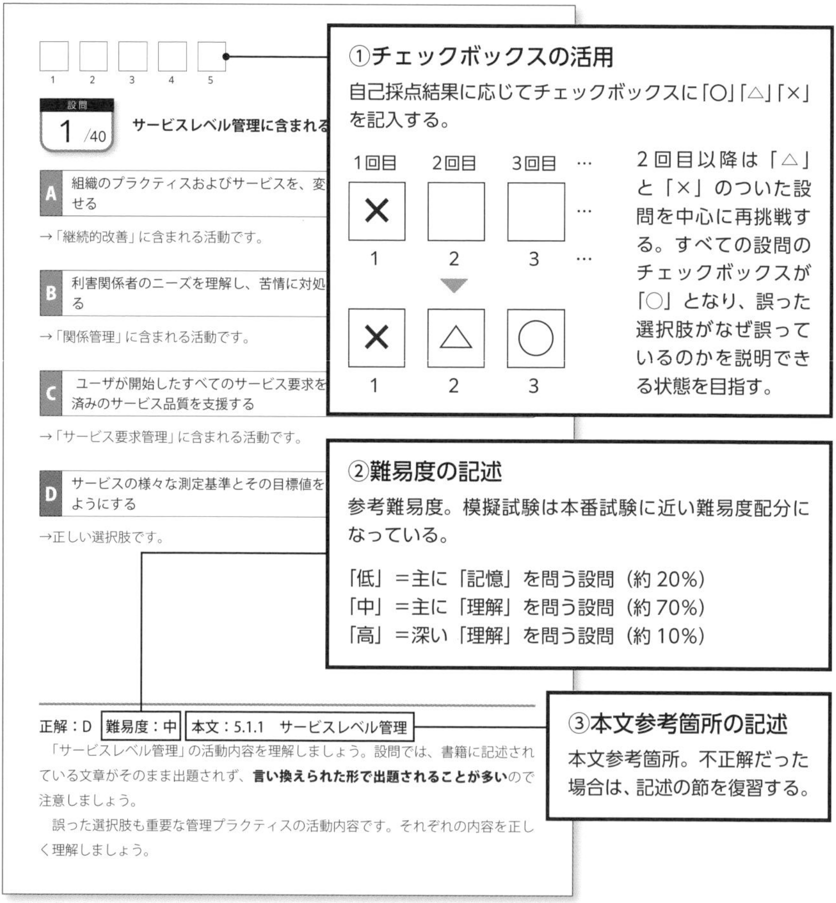

図2.3-1　効果的な本書「章末問題」と「模擬試験」の利用方法

①チェックボックスの活用

設問文上部にあるチェックボックスを活用して、効率的に「記憶」と「理解」を身に付けましょう。設問に挑戦後、自己採点結果に応じてチェックボックスに以下の記号を記入してください。

「○」＝正解して、正解の理由が説明できる。
「△」＝正解したが、正解の理由が説明できない。
「×」＝不正解だった。

2回目以降は「△」と「×」のついた設問を中心に再挑戦します。自己採点結果に応じて、次のチェックボックスに記号を記入してください。これを繰り返します。

理想の状態は、すべての設問のチェックボックスが「○」となり、誤った選択肢がなぜ誤っているのかを説明できる状態です。理想の状態を目指して、何度も設問に挑戦しましょう。

②難易度の記述

解答解説には「低」「中」「高」３つの難易度を記述しています。模擬試験は本番試験に近い難易度配分になっていますので、学習の参考にしてください。

「低」＝主に「記憶」を問う設問。（約20％出題）
用語などを記憶し、正しい定義や正しい要素を選択肢から選ぶことができるかを確認します。
「中」＝主に「理解」を問う設問。（約70％出題）
重要な考え方を理解し、言い換えられた正しい選択肢を選ぶことができるかを確認します。
「高」＝深い「理解」を問う設問。（約10％出題）
問われる「理解」が細かい内容であったり、複合的な「理解」が必要であったりします。

③本文参考箇所の記述

解答解説には本文の参考箇所を記述しています。学習の参考にしてください。

ITIL4 ファンデーション試験
模擬試験 1

・多肢選択式

・試験時間：1時間

説明

1. 40問すべてを回答するようにしてください。1問につき1点です。
2. 設問ごとに正解は1つだけです。
3. 合格するためには、26問以上正解する必要があります。

設問
1 /40

サービスレベル管理に含まれる活動はどれですか？

A 組織のプラクティスおよびサービスを、変化するビジネス・ニーズと整合させる

B 利害関係者のニーズを理解し、苦情に対処し、満足度を維持できるようにする

C ユーザが開始したすべてのサービス要求を標準的なプロセスで処理し、合意済みのサービス品質を支援する

D サービスの様々な測定基準とその目標値を決定し、評価や管理などができるようにする

設問
2 /40

管理プラクティスの「サービスデスク」を支援するためにITサービスマネジメントツールを利用すると、どのようなメリットが得られる可能性がありますか？

A 緊急の変更の承認に必要な情報を素早く収集できる

B イベントを最小限の労力で記録と報告ができる

C 今まで見つけることができなかったインシデントの原因を発見することができる

D 優れた顧客体験にさらに専念できる

設問 3 /40

サービス消費者が評価すべき２つのタイプのリスクはどれですか？

A 組織と人材のリスクと、情報と技術のリスク

B ソフトウェアのリスクと、ハードウェアのリスク

C 開発フェーズのリスクと、運用フェーズのリスク

D サービスにより取り除かれるリスクと、サービスにより課されるリスク

設問 4 /40

4つの側面の推奨事項として最も適切なものはどれですか？

A どんな場合でもすべての側面のすべての要素からアクションプランを作成することが重要である

B 新規技術の導入時は「情報と技術」のみを検討することが重要である

C すべての側面を検討することが重要である

D 必ず、はじめに「組織と人材」を検討し、次に「情報と技術」、「パートナとサプライヤ」「バリューストリームとプロセス」という順番で検討をすることが重要である

設問 5 /40

組織のサービスをエンドツーエンドに可視化する管理プラクティスはどれですか？

A モニタリングおよびイベント管理

B 継続的改善

C サービスレベル管理

D サービスデスク

設問 6 /40

組織に従うべき原則を適用する際に、気をつけるべきことはどれですか？

A まず適用する原則を1つに絞り、十分に浸透した後に他の原則を適用する

B 必ず、すべての原則を均等な割り振りで適用する

C 「価値に着目する」を含む、組織と親和性の高い2つか3つの原則を適用する

D 一部の原則だけを適用するのではなく、できる限りすべての原則を同時に適用する

設問

7 /40 緊急の変更の最適な例はどれですか？

A 重大なセキュリティホールに対応するためのパッチ適用

B 実施日時が決められた重要なコンポーネントの交換

C 重要なユーザからのサービス要求に対処するためのソフトウェアインストール

D 費用対効果の観点から判断された、一部サービスの廃止

設問

8 /40 構成要素としてエンゲージを含むITILの概念はどれですか？

A サービス・バリュー・システム

B サービス・バリュー・チェーン

C サービス・バリュー・ストリーム

D 4つの側面

設問 9/40

サービスレベル管理の推奨事項はどれですか？

A 関連するデータを集め、分析、保存、報告することで目標値を達成し続ける

B スポンサと成果ベースの共通認識を確立する

C 測定値と目標値は変えず、長期的なデータを集め、保存し、分析し報告する

D 測定基準の目標値をSVSとして顧客と合意する

設問 10/40

「サービスマネジメント」の定義はどれですか？

A 顧客にとっての価値をサービスの形で実現する、組織の専門能力の集まり

B 特定のニーズを満たすために製品またはサービスによって提供される機能

C 損害や損失を引き起こす、または達成目標の実現をより困難にする可能性があるイベント

D 顧客が特定のコストやリスクを管理することなく、望んでいる成果を得られるようにすることで、価値の共創を可能にする手段

設問

11/40

「変更実現」の管理プラクティスの目的は何ですか？

A 新規および変更されたサービスと特性を利用可能な状態にすること

B 合意されたサービス品質を支援すること

C IT変更の成功する回数を最大化すること

D 組織のプラクティスおよびサービスを、変化するビジネス・ニーズと整合させること

設問

12/40

インシデント解決およびサービス要求の需要を収集することを目的とした管理プラクティスはどれですか？

A インシデント管理

B サービスデスク

C サービス要求管理

D 問題管理

設問 13/40

データ活用の重要性を説いている、従うべき原則はどれですか？

- **A** 現状からはじめる
- **B** 最適化し、自動化する
- **C** 価値に着目する
- **D** フィードバックをもとに反復して進化する

設問 14/40

サービスに直接的または間接的に影響を及ぼす可能性がある何らかの追加、修正、削除と定義されるものはどれですか？

- **A** サービス提供物
- **B** イベント
- **C** インシデント
- **D** 変更

設問
15/40

サービスデスクのスタッフに求められる、最も適切なスキルの組み合わせはどれですか？

1. IQ（知能指数）
2. ビジネス全体に対する理解
3. EQ（心の知能指数）
4. アプリケーションに対する総合的な理解

A 1および2

B 2および3

C 3および4

D 1および4

設問
16/40

ビジョン、現状、改善の方向性についての理解を共有するバリューチェーン活動はどれですか？

A エンゲージ

B 計画

C ブリーフィング

D 提供およびサポート

設問 17/40

問題の例はどれですか？

A サービスを提供しているサーバのメモリ不足

B サービス提供時間中にユーザがログインできない事象

C サービス・サポートチームへの苦情

D パスワードを忘れたユーザからのパスワードリセット依頼

設問 18/40

明確で標準的なプロセスと手順の使用が推奨されているのはどれですか？

A インシデント管理

B サービスレベル管理

C サービス要求管理

D 関係管理

設問 19/40

「インシデント管理」の管理プラクティスに含まれる活動はどれですか？

A インシデント解決のために実施したことを記録する

B ネットワーク機器同士の関連性についての情報を整理し記録する

C ユーザからの「トラブルが多い」という苦情を記録する

D アプリケーションの動作を安定させるアイデアを記録する

設問 20/40

「協働し、可視性を高める」の原則を適用する際の推奨事項として適切でないものはどれですか？

A 協働と合意は別のものであり、関係者全員から合意を得ることは必要ない

B 指標は観察対象そのものの代わりにはならない

C 対象者に合った方法で情報を伝える

D 可視化されたデータがなければ決断はできない

設問

21/40

情報セキュリティの要素に含まれないものはどれですか？

A 有用性

B 機密性

C 完全性

D 可用性

設問

22/40

サービス要求の定義はどれですか？

A ユーザまたは権限を与えられたユーザ代理人からの要求

B 顧客または権限を与えられた顧客代理人からの要求

C ユーザまたは権限を与えられた顧客代理人からの要求

D 顧客または権限を与えられたユーザ代理人からの要求

設問

23/40

自動化への取り組み方針として、推奨されていないものはどれですか？

A 組織の堅牢性と対障害弾力性を保つため、現状の業務をそのまま自動化する

B 自動化を行う前に可能な限り最適化を実施する

C 価値に重点を置いた測定基準をつくる

D 「最適化し、自動化する」だけでなく「シンプルにし、実践的にする」「価値に着目する」などの従うべき原則も適用する

設問

24/40

ワークアラウンドが文書化されるのはどこですか？

A サービスレベル・アグリーメント

B サービス提供物

C 問題レコード

D バリューストリーム

設問 25/40

サービスデスクと最も関係が深い管理プラクティスはどれですか？

1.展開管理　　　　2.サービス要求管理
3.インシデント管理　4.関係管理

A　1および2

B　2および3

C　3および4

D　1および4

設問 26/40

従うべき原則の「シンプルにし、実践的にする」で推奨されている内容はどれですか？

A　すべての例外に対して個別に、シンプルな対処方法を考える

B　シンプルにすることで、繰り返し実行しやすくしてゆく

C　コントロールや測定基準をなるべく多く導入することで、3M（ムリ・ムダ・ムラ）を発見し、シンプルにしてゆく

D　シンプルなプロセスやサービスであれば、価値をもたらさなくても採用する

設問

27/40

サプライヤ管理で管理するものはなんですか？

A サプライヤからのサービス要求

B ITサービスを提供するために管理する必要があるサプライ

C サプライヤの完全性

D サプライヤのパフォーマンス

設問

28/40

一般的にサービス要求管理で実施する可能性が最も高い変更はどれですか？

A 通常の変更

B 標準的な変更

C 緊急の変更

D 組織の変更

設問
29/40

インシデント管理の推奨事項はどれですか？

1. 複雑なインシデントの調査、診断、解決方法を手順書化する

2. すべてのインシデントで使える、汎用的なプロセスを整備する

3. インシデント解決のための目標時間をSLAに組み込む

4. サプライヤまたはパートナを巻き込むために、サポート契約を結ぶ

A 1および2

B 2および3

C 3および4

D 1および4

設問
30/40

リソースへのアクセスについての記述として、正しいものはどれですか？

A 具体的なサービス消費者のニーズを満たすように、組み合わせてつくることが大切である

B サービス消費者が利用するが、所有権はサービス・プロバイダが持ち続ける

C 所有権がサービス消費者に移管される。また、それに伴って発生する権限と責任も同時に移管される

D サービスを提供するため、すべてのサービス消費者に必ず提供される

設問 **31**/40

構成要素としてガバナンスを含むITILの概念はどれですか？

A ４つの側面

B サービス・バリュー・チェーン

C サービス・バリュー・ストリーム

D サービス・バリュー・システム

設問 **32**/40

「使用可能にしたサービスまたは他の構成アイテムのバージョン、あるいは構成アイテムの集合」として定義されるのはどれですか？

A IT資産

B リリース

C リソース

D アウトプット

設問 33/40

「継続的改善」の管理プラクティスについて、正しいものはどれですか？

A 改善案は「問題管理」の管理プラクティスからのみ起票され、継続的改善管理表（CIR）に文書化されることが重要である

B 改善案を管理する継続的改善管理表（CIR）は、常に１つの組織に１つのみ存在する

C 継続的改善は全員の責務であり、専任のチームは組織されない

D サプライヤとの契約内容に継続的改善の活動を含めることが望ましい

設問 34/40

問題管理の３つの流れはどれですか？

A 問題の記録、問題のカテゴリ分け、問題の解決

B 問題の情報、問題の警告、問題の例外

C 問題の識別と記録、問題のコントロール、エラーコントロール

D 問題のアセスメント、問題の承認、問題の実施

設問 35/40

「フィードバックをもとに反復して進化する」の原則を適用する際の推奨事項はどれですか？

A 不完全なものでもよいので、素早く形にすることが重要である

B 分析麻痺に陥らないようにする

C シンプルにすることで、繰り返し実行しやすくする

D 活動の数を最小限に抑え、活動の質を高めることに集中できるようにする

設問 36/40

カルチャが組織の選択に影響を及ぼす要素はどれですか？

1. 契約するパートナやサプライヤの選択

2. 使用する技術の選択

3. 適用する従うべき原則の選択

4. バリューストリームを構成する管理プラクティスの選択

A 1 および 2

B 2 および 3

C 3 および 4

D 1 および 4

設問
37/40

サービス消費者の役割についての記述として、最も適切なものはどれですか？

A ユーザは、サービスの要件を定義し、サービスを消費した成果に対して責任を負う役割である

B 顧客は、サービスを利用する役割である

C スポンサは、サービス消費の予算を承認する役割である

D サービス・プロバイダはサービス関係の中でサービス消費者にサービスを提供するうえで、組織が果たす役割である

設問
38/40

「IT製品またはITサービスの提供に利用できる、経済的な価値を持つすべてのコンポーネント」として定義されるのはどれですか？

A リソース

B 構成アイテム

C IT資産

D リリース

設問
39/40

ある組織は、組織が使用しているハードウェアの欠陥について、そのサプライヤから報告を受けました。この情報を分析するために必要な活動を説明している管理プラクティスはどれですか？

A 問題管理

B インシデント管理

C 変更実現

D サービスレベル管理

設問
40/40

以下の文章で、［？］部分に当てはまる用語はどれですか？
サービスとは、顧客が特定のコストやリスクを管理することがなく、望んでいる成果を得られるようにすることで、価値の［？］を可能にする手段である

A 保証

B 成果

C エスカレーション

D 共創

ITIL4 ファンデーション試験
模擬試験 1

解答・解説

□ □ □ □ □
1 2 3 4 5

設問 1 /40

サービスレベル管理に含まれる活動はどれですか？

A 組織のプラクティスおよびサービスを、変化するビジネス・ニーズと整合させる

→「継続的改善」に含まれる活動です。

B 利害関係者のニーズを理解し、苦情に対処し、満足度を維持できるようにする

→「関係管理」に含まれる活動です。

C ユーザが開始したすべてのサービス要求を標準的なプロセスで処理し、合意済みのサービス品質を支援する

→「サービス要求管理」に含まれる活動です。

D サービスの様々な測定基準とその目標値を決定し、評価や管理などができるようにする

→正しい選択肢です。

正解：D　難易度：中　本文：5.1.1　サービスレベル管理

「サービスレベル管理」の活動内容を理解しましょう。設問では、書籍に記述されている文章がそのまま出題されず、**言い換えられた形で出題されることが多い**ので注意しましょう。

誤った選択肢も重要な管理プラクティスの活動内容です。それぞれの内容を正しく理解しましょう。

□ □ □ □ □
1 2 3 4 5

設問 2 /40

管理プラクティスの「サービスデスク」を支援するためにITサービスマネジメントツールを利用すると、どのようなメリットが得られる可能性がありますか？

A 緊急の変更の承認に必要な情報を素早く収集できる

→緊急の変更の承認は「変更実現」で実施します。「緊急の変更の承認に必要な情報を素早く収集でき」ても、「サービスデスク」は支援されません。

B イベントを最小限の労力で記録と報告ができる

→イベントの記録および報告は「モニタリングおよびイベント管理」で実施します。「イベントを最小限の労力で記録と報告ができ」ても、「サービスデスク」は支援されません。

C 今まで見つけることができなかったインシデントの原因を発見することができる

→インシデントの原因発見は「問題管理」で実施します。「今まで見つけることができなかったインシデントの原因を発見することができ」ても、「サービスデスク」は支援されません。

D 優れた顧客体験にさらに専念できる

→正しい選択肢です。

正解：D　難易度：高　本文：5.3.1　サービスデスク

遠回しに理解を問う、難易度が高い設問です。ITサービスマネジメントツールは世の中に多数存在し、利用した時のメリットはツールによって変わるため、一律に定義できません。この設問では、「サービスデスクに関係する内容を選びなさい」という単純な内容が遠回しに問われています。このように**一見複雑な設問に出合って**

も、慌てずに何が問われているのかを確認しましょう。

サービスデスクのツールなどを用いた自動化は、サービスデスクのコスト削減のためではなく、優れた顧客体験（CX）にさらに専念するために実施します。

1	2	3	4	5

設問 3 /40

サービス消費者が評価すべき2つのタイプのリスクはどれですか？

A 組織と人材のリスクと、情報と技術のリスク

→誤った選択肢です。

B ソフトウェアのリスクと、ハードウェアのリスク

→誤った選択肢です。

C 開発フェーズのリスクと、運用フェーズのリスク

→誤った選択肢です。

D サービスにより取り除かれるリスクと、サービスにより課されるリスク

→正しい選択肢です。

正解：D　難易度：中　本文：3.2　業務周辺用語

コストとリスクはサービスによって取り除かれるものと、課されるものの2種類があります。

「取り除かれるコストやリスクはサービス消費者にとっての価値の一部である」こと、「マイナスの効果よりプラスの効果の方が大きい場合にのみ価値があるとみなされる」ことを理解しましょう。

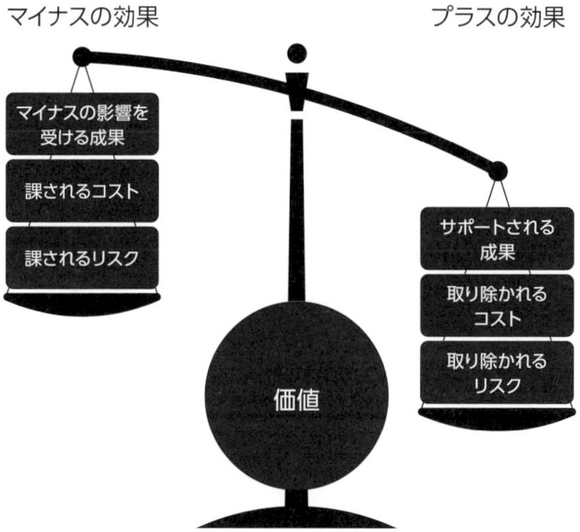

再掲：図3.2-3　価値の獲得：成果、コストおよびリスク

☐ ☐ ☐ ☐ ☐
1 2 3 4 5

設問 4 /40

4つの側面の推奨事項として最も適切なものはどれですか？

A どんな場合でもすべての側面のすべての要素からアクションプランを作成することが重要である

→すべての側面を検討することは重要ですが、「必ずアクションプランを作成する」ことは推奨されていません。すべての側面を検討した結果、アクションプランにまで結び付かない側面や要素が生じることはあり得ます。

B 新規技術の導入時は「情報と技術」のみを検討することが重要である

→新規の技術導入をする場合、例えば「情報と技術」の検討はもちろん、「パートナとサプライヤ」の側面としてツールのサポートやカスタマイズをどのように受けるのかを検討する必要があります。また、業務の流れに影響がないか「バリューストリームとプロセス」を検討することや、「組織と人材」の要素であるカルチャへの影響も検討が必要です。

C すべての側面を検討することが重要である

→正しい選択肢です。

D 必ず、はじめに「組織と人材」を検討し、次に「情報と技術」、「パートナとサプライヤ」「バリューストリームとプロセス」という順番で検討をすることが重要である

→4つの側面を検討する順番についての推奨事項はありません。

正解：C　難易度：中　本文：4.2　サービスマネジメントの４つの側面

「4つの側面」全体のポイントは以下です（この設問で問われているポイントは■です）。

☐ 包括的なアプローチを理解する。

■ 4つの側面すべてを検討することが重要であると理解する。

また、「すべて」「のみ」「必ず」「常に」などの**例外を許さない選択肢は要注意**です。本当に例外はないのでしょうか。１つでも例外があった場合、その選択肢は不正解になります。もちろん、本当に例外がない場合もありますが、例外を許さない選択肢は疑いの目を向けてしっかりと考えましょう。

□ □ □ □ □
1 2 3 4 5

設問 5 /40

組織のサービスをエンドツーエンドに可視化する管理プラクティスはどれですか？

A モニタリングおよびイベント管理

→サービスおよびサービス・コンポーネントを体系的にモニタリングしますが、問われている内容には該当しません。

B 継続的改善

→組織の活動の様々な場面で継続的改善は実施されますが、問われている内容には該当しません。

C サービスレベル管理

→正しい選択肢です。

D サービスデスク

→サービスデスクのスタッフに必要なスキルとして「ビジネス全体の理解」がありますが、問われている内容には該当しません。

正解：C　難易度：中　本文：5.1.1　サービスレベル管理

「サービスレベル管理」の目的を理解しましょう。誤っている選択肢は「エンドツーエンド（始まりから終わりまで、全体）」と「可視化」というニュアンスが含まれている管理プラクティスです。それぞれの管理プラクティスを正しく理解しましょう。

☐ ☐ ☐ ☐ ☐
1 2 3 4 5

設問 6 /40

組織に従うべき原則を適用する際に、気をつけるべきことはどれですか？

A まず適用する原則を1つに絞り、十分に浸透した後に他の原則を適用する

→すべての原則を同時に適用することが大切です。

B 必ず、すべての原則を均等な割り振りで適用する

→すべての原則を同時に適用することが大切ですが、割り振りを均等にする必要はありません。

C 「価値に着目する」を含む、組織と親和性の高い2つか3つの原則を適用する

→すべての原則を同時に適用することが大切です。

D 一部の原則だけを適用するのではなく、できる限りすべての原則を同時に適用する

→正しい選択肢です。

正解：D　難易度：中　本文：4.4　従うべき原則

「従うべき原則」共通のポイントは以下です（この設問で問われているポイントは■です）。

■「従うべき原則」は、互いに依存関係があり、相互作用があることを理解する。

■ すべての原則を同時に適用してゆくことが大切であると理解する。

1 2 3 4 5

設問 7 /40

緊急の変更の最適な例はどれですか？

A 重大なセキュリティホールに対応するためのパッチ適用

→正しい選択肢です。

B 実施日時が決められた重要なコンポーネントの交換

→緊急の変更はスケジューリングされません。

C 重要なユーザからのサービス要求に対処するためのソフトウェアインストール

→ユーザ自体が重要であるか否かは変更の緊急度に必ずしも直結はしません。

D 費用対効果の観点から判断された、一部サービスの廃止

→新規か、変更か、削除（廃止）かは緊急度に無関係です。

正解：A　難易度：中　本文：5.2.1　変更実現

緊急の変更は「できる限り早く実行しなければならないこと」と「変更スケジュールには含めないこと」が特徴です。選択肢Cは悩むかもしれませんが、緊急度の判断が客観的につきません。ここでは消去法で考え、最も誤りと言い切れない選択肢Aが正解となります。

1 2 3 4 5

設問 8 /40

構成要素としてエンゲージを含むITILの概念はどれですか？

A サービス・バリュー・システム

→誤った選択肢です。

B サービス・バリュー・チェーン

→正しい選択肢です。

C サービス・バリュー・ストリーム

→誤った選択肢です。

D 4つの側面

→誤った選択肢です。

正解：B　難易度：低　本文：4.5　サービス・バリュー・チェーン

ITIL4の各フレームワークに含まれる構成要素を記憶しましょう。

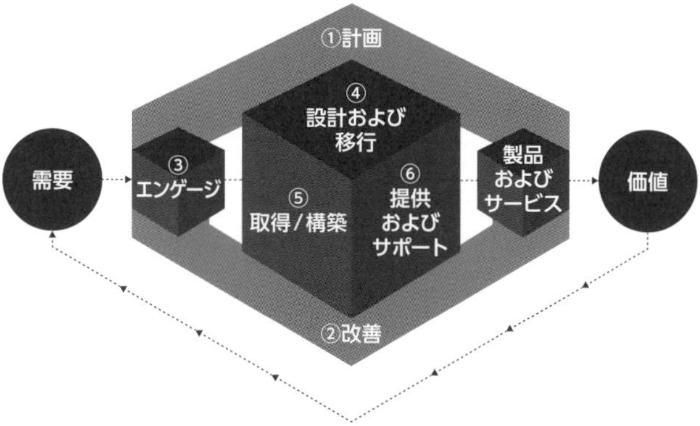

再掲：図4.5-2　サービス・バリュー・チェーン

□ □ □ □ □
1 2 3 4 5

設問 9 /40

サービスレベル管理の推奨事項はどれですか？

A 関連するデータを集め、分析、保存、報告することで目標値を達成し続ける

→正しい選択肢です。

B スポンサと成果ベースの共通認識を確立する

→「顧客とのエンゲージ」では「顧客と成果ベースの共通認識を確立すること」が推奨されています。

C 測定値と目標値は変えず、長期的なデータを集め、保存し、分析し報告する

→「目標値の見直し」では「測定値と目標値が適切なものか、課題を解決しながら見直し続けること」が推奨されています。

D 測定基準の目標値をSVSとして顧客と合意する

→測定基準の目標値をSLAとして顧客と合意します。SVSとは「サービス・バリュー・システム」の略称です。

正解：A　難易度：中　本文：5.1.1　サービスレベル管理

「サービスレベル管理」のポイントは以下です（この設問で問われているポイントは■です）。

□ 目的は「サービスの様々な測定基準とその目標値を顧客のビジネスに基づいて決定し、評価、モニタリング、管理ができるようにすること」であると理解する。

■ 測定基準とその目標値をSLAとして顧客と合意することを理解する。

□ サービスをエンドツーエンド（始まりから終わりまで、経路全体）に可視化することを理解する。

■ 顧客とのエンゲージで顧客と成果ベースの共通認識を確立することを理解する。

■ 測定基準とその目標値を定め、関連するデータを集め、分析、保存、報告することを理解する。

■ 顧客のニーズを継続的に満たすために、測定値と目標値が適切なものか、課題を解決しながら見直し続けることを理解する。

□「SLAを作成するうえで重要なポイント」4つを理解する。

□ SLAが不適切で、SLAを満たしていても顧客が不満を抱いている状態をスイカSLA効果と呼ぶことを理解する。

□ スイカSLA効果を防ぐために、顧客とのエンゲージとフィードバックが重要であると理解する。

☐ ☐ ☐ ☐ ☐
1 2 3 4 5

設問 10/40

「サービスマネジメント」の定義はどれですか？

A 顧客にとっての価値をサービスの形で実現する、組織の専門能力の集まり

→正しい選択肢です。

B 特定のニーズを満たすために製品またはサービスによって提供される機能

→「有用性」の定義です。

C 損害や損失を引き起こす、または達成目標の実現をより困難にする可能性があるイベント

→「リスク」の定義です。

D 顧客が特定のコストやリスクを管理することなく、望んでいる成果を得られるようにすることで、価値の共創を可能にする手段

→「サービス」の定義です。

正解：A　難易度：低　本文：3.2　業務周辺用語

この設問には、重要な用語の定義を集めました。すべて用語と定義を結び付けられるようにしましょう。

1　2　3　4　5

設問 11/40

「変更実現」の管理プラクティスの目的は何ですか？

A 新規および変更されたサービスと特性を利用可能な状態にすること

→「リリース管理」の管理プラクティスの目的です。

B 合意されたサービス品質を支援すること

→「サービス要求管理」の管理プラクティスの目的です。

C IT変更の成功する回数を最大化すること

→正しい選択肢です。

D 組織のプラクティスおよびサービスを、変化するビジネス・ニーズと整合させること

→「継続的改善」の管理プラクティスの目的です。

正解：C　難易度：中　本文：5.2.1　変更実現

この設問には、イメージが近い目的を持つ管理プラクティスを集めました。各管理プラクティスの目的を理解しましょう。

□ □ □ □ □

1 2 3 4 5

設問 12/40

インシデント解決およびサービス要求の需要を収集することを目的とした管理プラクティスはどれですか？

A インシデント管理

→誤った選択肢です。

B サービスデスク

→正しい選択肢です。

C サービス要求管理

→誤った選択肢です。

D 問題管理

→誤った選択肢です。

正解：B　難易度：中　本文：5.3.1　サービスデスク

「サービスデスク」の目的を理解しましょう。

□ □ □ □ □
1 2 3 4 5

設問 13/40

データ活用の重要性を説いている、従うべき原則はどれですか？

A 現状からはじめる

→正しい選択肢です。意思決定にはデータ活用が重要です。

B 最適化し、自動化する

→間接的にはデータを活用しますが、より正解に近い選択肢がAです。

C 価値に着目する

→間接的にはデータを活用しますが、より正解に近い選択肢がAです。

D フィードバックをもとに反復して進化する

→間接的にはデータを活用しますが、より正解に近い選択肢がAです。

正解：A　難易度：中　本文：4.4　従うべき原則

「現状からはじめる」以外に、**「協働し、可視性を高める」の原則でも**「可視化されたデータがなければ決断はできない、データがない状態で意思決定を下すことは危険である」とデータ活用の重要性を説いています。併せて理解しましょう。

□ □ □ □ □
1 2 3 4 5

設問 14/40

サービスに直接的または間接的に影響を及ぼす可能性がある何らかの追加、修正、削除と定義されるものはどれですか？

A サービス提供物

→誤った選択肢です。

B イベント

→誤った選択肢です。

C インシデント

→誤った選択肢です。

D 変更

→正しい選択肢です。

正解：D　難易度：低　本文：5.2.1　変更実現

「変更」の定義を記憶しましょう。

1 2 3 4 5

設問 15/40

サービスデスクのスタッフに求められる、最も適切なスキルの組み合わせはどれですか？

1. IQ（知能指数）　2. ビジネス全体に対する理解

3. EQ（心の知能指数）　4. アプリケーションに対する総合的な理解

A 1および2

→最も適切な組み合わせではありません。

B 2および3

→正しい選択肢です。

C 3および4

→最も適切な組み合わせではありません。

D 1および4

→最も適切な組み合わせではありません。

正解：B　難易度：中　本文：5.3.1　サービスデスク

サービスデスクのスタッフに求められるスキルは3つです。1つめはコミュニケーション能力です。EQ（心の知能指数）という用語も押さえておきましょう。2つめはビジネスに対する理解です。3つめは自身のスキル以外（人材やプロセスなど）も利用してアクションを実行する能力です。

□ □ □ □ □
1 2 3 4 5

設問 16/40

ビジョン、現状、改善の方向性についての理解を共有するバリューチェーン活動はどれですか？

A エンゲージ

→誤った選択肢です。

B 計画

→正しい選択肢です。

C ブリーフィング

→誤った選択肢です。なお、バリューチェーン活動に「ブリーフィング」という活動はありません。

D 提供およびサポート

→誤った選択肢です。

正解：B　難易度：中　本文：4.5　サービス・バリュー・チェーン

「計画」の活動では、組織全体で4つの側面すべてと全製品および全サービスのビジョン、現状、改善の方向性についての理解を共有します。

□ □ □ □ □
1 2 3 4 5

設問 17/40

問題の例はどれですか？

A サービスを提供しているサーバのメモリ不足

→正しい選択肢です。「問題」とは「1つまたは複数のインシデントの原因、または潜在的原因」です。サービス利用中のユーザ画面がフリーズするなどインシデントがあったとして、サーバのメモリ不足が原因だった場合、選択肢Aが「問題」となります。

B サービス提供時間中にユーザがログインできない事象

→これは「インシデント」です。「インシデント」とは「サービスの計画外の中断、またはサービスの品質の低下」です。サービス提供中にはユーザがログインできるはずなので、選択肢Bが「インシデント」となります。

C サービス・サポートチームへの苦情

→これは「サービス要求」です。「サービス要求」とは「通常のサービス提供の一部として合意されたサービス活動を開始する、ユーザまたは権限を与えられたユーザ代理人からの要求」です。「サービス要求」にはフィードバック、称賛、苦情が含まれるので、選択肢Cが「サービス要求」となります。

D パスワードを忘れたユーザからのパスワードリセット依頼

→これは「サービス要求」です。パスワードリセットは「通常のサービス提供の一部として合意されたサービス活動」と考えられるため、選択肢Dが「サービス要求」となります。

正解：A　難易度：高　本文：5章　複合

複合的に理解を問う、難易度が高い設問です。この設問は「インシデント」「サービス要求」「問題」という概念が理解できているかが問われています。「問題の例」を選ぶ、つまり、インシデントの原因となり得る選択肢を選びましょう。

1 2 3 4 5

設問 18/40

明確で標準的なプロセスと手順の使用が推奨されているのはどれですか？

A インシデント管理

→誤った選択肢です。なお、複雑なインシデントの調査、診断、解決方法の詳細は手順書化することができません。

B サービスレベル管理

→誤った選択肢です。

C サービス要求管理

→正しい選択肢です。

D 関係管理

→誤った選択肢です。

正解：C　難易度：中　本文：5.3.2　サービス要求管理

サービス要求は均一な品質を提供する必要があるため、明確で標準的なプロセスと手順を使用します。一方で、複雑なインシデントの調査、診断、解決方法の詳細は手順書化することが**できません**。

□	□	□	□	□
1	2	3	4	5

設問 19/40

「インシデント管理」の管理プラクティスに含まれる活動はどれですか？

A インシデント解決のために実施したことを記録する

→正しい選択肢です。

B ネットワーク機器同士の関連性についての情報を整理し記録する

→「サービス構成管理」に含まれる活動です。

C ユーザからの「トラブルが多い」という苦情を記録する

→「サービスデスク」に含まれる活動です。

D アプリケーションの動作を安定させるアイデアを記録する

→「継続的改善」に含まれる活動です。

正解：A　難易度：高　本文：5章　複合

　複合的に理解を問う、難易度が高い設問です。選択肢Aはインシデントに関する情報をインシデント・レコードに記録する「インシデント管理」の活動です。選択肢Bは構成アイテム（CI）間の関連性の情報を記録する「サービス構成管理」の活動です。選択肢Cはサービス要求を記録する「サービスデスク」の活動です。選択肢Dは改善案を記録する「継続的改善」の活動です。

□ □ □ □ □
1 2 3 4 5

設問 20/40

「協働し、可視性を高める」の原則を適用する際の推奨事項として適切でないものはどれですか？

A 協働と合意は別のものであり、関係者全員から合意を得ることは必要ない

→誤った（正しい推奨事項が記述された）選択肢です。

B 指標は観察対象そのものの代わりにはならない

→正しい（誤った推奨事項が記述された）選択肢です。なお、「指標は観察対象そのものの代わりにはならない」は「現状からはじめる」の推奨事項です。

C 対象者に合った方法で情報を伝える

→誤った（正しい推奨事項が記述された）選択肢です。

D 可視化されたデータがなければ決断はできない

→誤った（正しい推奨事項が記述された）選択肢です。

正解：B　難易度：中　本文：4.4　従うべき原則

「協働し、可視性を高める」のポイントは以下です（この設問で問われているポイントは■です）。

□ リーン開発の考え方がベースとなっており、作業やその結果を可視化することが大切であると理解する。

□ 可視化は「3M（ムリ、ムダ、ムラ）を取り除く」ことと、「サイロを打ち破る」ことの一助となると理解する。

■ 協働と合意は別物であり、何かを始める際に、全員の合意を得る必要はないことを理解する。

■ 対象者に合った適切なコミュニケーション方法を選択することが効果的であると理解する。

■ 意思決定はデータに基づいて実施することを理解する。

□ □ □ □ □
1 2 3 4 5

設問 21/40

情報セキュリティの要素に含まれないものはどれですか？

A 有用性

→正しい（誤った要素が記述された）選択肢です。なお、「有用性」とは「特定のニーズを満たすために製品またはサービスによって提供される機能」です。

B 機密性

→誤った（正しい要素が記述された）選択肢です。なお、「機密性」とは「情報が許可を受けてないエンティティに確実に提供または公開されないようにするセキュリティの達成目標」です。

C 完全性

→誤った（正しい要素が記述された）選択肢です。なお、「完全性」とは「情報が、承認された要員および活動のみによって確実に修正されるようにするセキュリティ達成目標」です。

D 可用性

→誤った（正しい要素が記述された）選択肢です。なお、「可用性」とは「ITサービスまたはその他の構成アイテムが、合意された機能を必要なときに実行できる能力」です。

正解：A　難易度：低　本文：5.1.4　情報セキュリティ管理

「情報セキュリティ管理」に関連する5つの要素を記憶しましょう。

□ □ □ □ □
1 2 3 4 5

設問 22/40

サービス要求の定義はどれですか？

A ユーザまたは権限を与えられたユーザ代理人からの要求

→正しい選択肢です。

B 顧客または権限を与えられた顧客代理人からの要求

→誤った選択肢です。

C ユーザまたは権限を与えられた顧客代理人からの要求

→誤った選択肢です。

D 顧客または権限を与えられたユーザ代理人からの要求

→誤った選択肢です。

正解：A　難易度：低　本文：5.3.2　サービス要求管理

「サービス要求」の定義を記憶しましょう。要求をするのは**「ユーザ」であることがポイント**です。

□ □ □ □ □
1 2 3 4 5

設問
23/40

自動化への取り組み方針として、推奨されていないものはどれですか？

A 組織の堅牢性と対障害弾力性を保つため、現状の業務をそのまま自動化する

→正しい（誤った推奨事項が記述された）選択肢です。

B 自動化を行う前に可能な限り最適化を実施する

→誤った（正しい推奨事項が記述された）選択肢です。

C 価値に重点を置いた測定基準をつくる

→誤った（正しい推奨事項が記述された）選択肢です。

D 「最適化し、自動化する」だけでなく「シンプルにし、実践的にする」「価値に着目する」などの従うべき原則も適用する

→誤った（正しい推奨事項が記述された）選択肢です。

正解：A　難易度：中　本文：4.4　従うべき原則

「最適化し、自動化する」のポイントは以下です（この設問で問われているポイントは■です）。

■ 自動化の前に最適化が必要であると理解する。

■ 最適化によって目指した目標と実際の結果を評価するために、価値に重点を置いた測定基準をつくることを理解する。

■ この原則を適用するために、他の原則も適用してゆくことを理解する。

□ 自動化のデメリットを理解する。

□ □ □ □ □
1 2 3 4 5

設問 24/40 **ワークアラウンドが文書化されるのはどこですか？**

A サービスレベル・アグリーメント

→誤った選択肢です。

B サービス提供物

→誤った選択肢です。

C 問題レコード

→正しい選択肢です。

D バリューストリーム

→誤った選択肢です。

正解：C　難易度：中　本文：5.3.5　問題管理

ワークアラウンドは問題レコードに文書化されます。ワークアラウンドは**必ず適用条件もセット**であることも併せて理解しましょう。

□ □ □ □ □
1 2 3 4 5

設問 25/40

サービスデスクと最も関係が深い管理プラクティスはどれですか？

1.展開管理　　　　　2.問題管理

3.インシデント管理　4.関係管理

A 1および2

→最も関係が深い組み合わせではありません。

B 2および3

→正しい選択肢です。

C 3および4

→最も関係が深い組み合わせではありません。

D 1および4

→最も関係が深い組み合わせではありません。

正解：B　難易度：高　本文：5章　複合

複合的に理解を問う、難易度が高い設問です。軽微なインシデントの解決や1次対応はサービスデスクで実施します。また、問題管理の「問題の識別と記録」では、繰り返し発生する課題の検出をサービスデスクで実施します。一方で、展開管理や関係管理の業務の一部はサービスデスクで実施されることはあり得ますが、やや例外的です。

このため、サービスデスクと「最も」関係が深い管理プラクティスはインシデント管理と問題管理となります。

□ □ □ □ □
1 2 3 4 5

設問 26/40

従うべき原則の「シンプルにし、実践的にする」で推奨されている内容はどれですか？

A すべての例外に対して個別に、シンプルな対処方法を考える

→例外は個別に対処するのではなく、全般的に対処する方法を考えることを推奨しています。

B シンプルにすることで、繰り返し実行しやすくしてゆく

→正しい選択肢です。

C コントロールや測定基準をなるべく多く導入することで、3M（ムリ・ムダ・ムラ）を発見し、シンプルにしてゆく

→コントロールや測定基準は必要な場合のみ追加することを推奨しています。

D シンプルなプロセスやサービスであれば、価値をもたらさなくても採用する

→価値をもたらさないプロセス、サービス、活動、測定基準は、廃止することを推奨しています。

正解：B　難易度：中　本文：4.4　従うべき原則

「シンプルにし、実践的にする」のポイントは以下です（この設問で問われているポイントは■です）。

■ 価値をもたらさないプロセス、サービス、活動、測定基準は、廃止するべきであると理解する。

■ 例外を全般的に対処する方法を考えるべきであると理解する。

■ コントロールや測定基準は必要な場合のみ追加するべきであると理解する。

□ 活動の数を最小限にすることで質を高めることに集中できると理解する。

■ シンプルにすると「使われる」こと、「繰り返し実行しやすくなる」ことを理解する。

□ □ □ □ □
1 2 3 4 5

設問 27/40

サプライヤ管理で管理するものはなんですか？

A サプライヤからのサービス要求

→誤った選択肢です。なお、「サービス要求」とは「通常のサービス提供の一部として合意されたサービス活動を開始する、ユーザまたは権限を与えられたユーザ代理人からの要求」です。

B ITサービスを提供するために管理する必要があるサプライ

→誤った選択肢です。なお、サプライという用語はITILの用語ではありません。ITサービスを提供するために管理する必要がある、あらゆるコンポーネントは構成アイテム（CI）と定義され、サービス構成管理で管理します。

C サプライヤの完全性

→誤った選択肢です。なお、「完全性」とは情報セキュリティの5要素の１つで、「情報が、承認された要員および活動のみによって確実に修正されるようにするセキュリティ達成目標」です。

D サプライヤのパフォーマンス

→正しい選択肢です。

正解：D　難易度：中　本文：5.1.3　サプライヤ管理

「サプライヤ管理」ではサプライヤのパフォーマンスを適切に管理します。

1 2 3 4 5

設問 28/40

一般的にサービス要求管理で実施する可能性が最も高い変更はどれですか？

A 通常の変更

→誤った選択肢です。

B 標準的な変更

→正しい選択肢です。

C 緊急の変更

→誤った選択肢です。

D 組織の変更

→誤った選択肢です。

正解：B　難易度：中　本文：5.3.2　サービス要求管理

通常、サービス要求として変更を実施する場合は**標準的な変更**として実施します。

□ □ □ □ □
1 2 3 4 5

設問 29/40

インシデント管理の推奨事項はどれですか？

1. 複雑なインシデントの調査、診断、解決方法を手順書化する

2. すべてのインシデントで使える、汎用的なプロセスを整備する

3. インシデント解決のための目標時間をSLAに組み込む

4. サプライヤまたはパートナを巻き込むために、サポート契約を結ぶ

A 1および2

→最も適切な組み合わせではありません。

B 2および3

→最も適切な組み合わせではありません。

C 3および4

→正しい選択肢です。

D 1および4

→最も適切な組み合わせではありません。

正解：C　難易度：中　本文：5.3.4　インシデント管理

「インシデント管理」のポイントは以下です（この設問で問われているポイントは■です）。

□ 目的は「可能な限り迅速にサービスを通常のサービスオペレーションに回復して、インシデントの悪影響を最小限に抑えること」であると理解する。

■ インシデントの目標解決時間をSLAに組み込むことを理解する。

□ インシデントをインシデント・レコードとして記録することを理解する。

□ インシデント・レコードは関連する構成アイテム（CI）、変更、問題、既知のエラーなどとツール内でリンクさせることを理解する。

□ インシデントを優先順位付けする目的は、ビジネス上の影響が大きいインシデントから先に解決されるようにするためであると理解する。

□ インシデントをカテゴリ分けする目的は、正しいエスカレーション先に割り当てるためであると理解する。

■ 重大なインシデントや、情報セキュリティ・インシデントは個別のプロセスを整備することを理解する。

□ 軽微なインシデントはサービスデスクで解決することがあると理解する。

■ サプライヤまたはパートナを巻き込むために、サポート契約を結ぶことを推奨していると理解する。

■ 複雑なインシデントの調査、診断、解決方法の詳細は手順書化することができないと理解する。

□ インシデントを解決するために災害復旧計画を実行することもあると理解する。

□	□	□	□	□
1	2	3	4	5

設問 30/40　リソースへのアクセスについての記述として、正しいものはどれですか？

A　具体的なサービス消費者のニーズを満たすように、組み合わせてつくることが大切である

→「サービス提供物」についての記述です。

B　サービス消費者が利用するが、所有権はサービス・プロバイダが持ち続ける

→正しい選択肢です。

C　所有権がサービス消費者に移管される。また、それに伴って発生する権限と責任も同時に移管される

→「商品」についての記述です。

D　サービスを提供するため、すべてのサービス消費者に必ず提供される

→「リソースへのアクセス」を提供せずに実施されるサービスも存在します。

正解：B　難易度：中　本文：3.4　サービス周辺用語

「リソースへのアクセス」とは、サービス提供のために、サービス消費者にリソースへのアクセスを許可することです。リソースそのものの所有権はサービス・プロバイダが持ち続けます。

併せて、「リソース」「製品」「サービス提供物」「サービス消費者のニーズ」の関係性をしっかりと理解しましょう。「リソース」を組み合わせることで「製品」をつくり、「製品」を組み合わせて（一部を利用して）「サービス消費者のニーズ」に応じた「サービス提供物」にします。「サービス提供物」には「商品」、「リソースへのアクセス」、「サービス活動」などが含まれます。

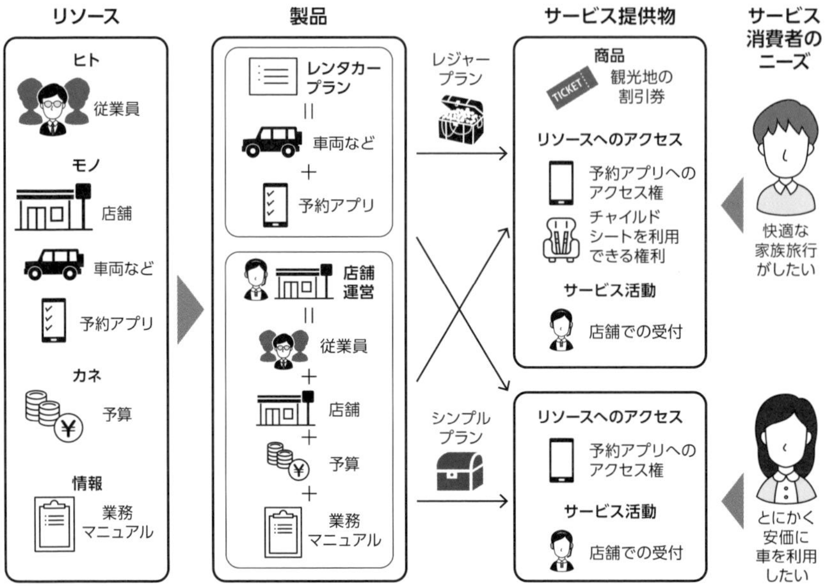

再掲：図3.4-3　リソース、製品、サービス提供物、サービス消費者のニーズの関係図

1 2 3 4 5

設問 31/40

構成要素としてガバナンスを含むITILの概念はどれですか？

A 4つの側面

→誤った選択肢です。

B サービス・バリュー・チェーン

→誤った選択肢です。

C サービス・バリュー・ストリーム

→誤った選択肢です。

D サービス・バリュー・システム

→正しい選択肢です。

正解：D　難易度：低　本文：4.3　サービス・バリュー・システム

「サービス・バリュー・システム」に含まれる構成要素を記憶しましょう。

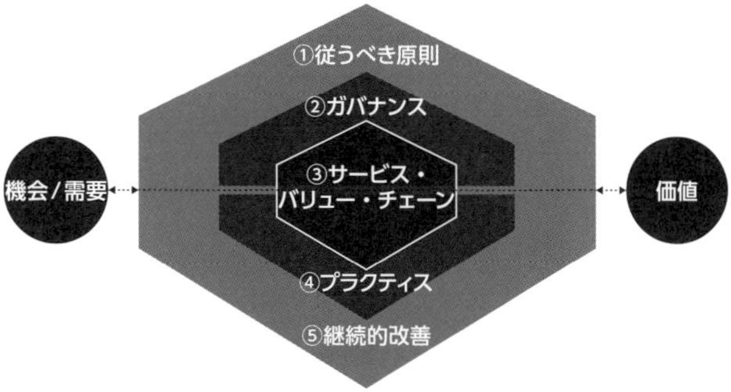

再掲：図4.3-2　サービス・バリュー・システム

□ □ □ □ □
1 2 3 4 5

設問 32/40

「使用可能にしたサービスまたは他の構成アイテムのバージョン、あるいは構成アイテムの集合」として定義されるのはどれですか？

A IT資産

→誤った選択肢です。

B リリース

→正しい選択肢です。

C リソース

→誤った選択肢です。

D アウトプット

→誤った選択肢です。

正解：B　難易度：低　本文：5.2.3　リリース管理

「リリース」の定義を記憶しましょう。

□ □ □ □ □
1 2 3 4 5

設問 33/40

「継続的改善」の管理プラクティスについて、正しいものはどれですか？

A 改善案は「問題管理」の管理プラクティスからのみ起票され、継続的改善管理表（CIR）に文書化されることが重要である

→改善案は組織内のあらゆる活動から提案できます。CIRに文書化することは重要です。

B 改善案を管理する継続的改善管理表（CIR）は、常に１つの組織に１つのみ存在する

→組織内に複数のCIRが存在する場合もあり、マスタとして1本のCIRを持つ場合もあります。

C 継続的改善は全員の責務であり、専任のチームは組織されない

→継続的改善は組織全員の責務ですが、専任で継続的改善を実施するチームが必要です。

D サプライヤとの契約内容に継続的改善の活動を含めることが望ましい

→正しい選択肢です。

正解：D　難易度：中　本文：5.4.1　継続的改善

「継続的改善」のポイントは以下です（この設問で問われているポイントは■です）。

□ 継続的改善の目的を理解する。

□ 継続的改善管理表（CIR）は改善のアイデア識別から最終的に取られたアクションまでを追跡し、管理するための管理簿であると理解する。

■ 組織内に複数のCIRが存在する場合もあり、マスタとして1本のCIRを持つ場合もあることを理解する。

■ 改善案は組織内のあらゆる活動から提案できるが、CIRに文書化することが重要であることを理解する。

□ 改善案は「記録」「文書化」「評価」「優先度付け」をすると理解する。

■ 継続的改善は組織全員の責務であると理解する。

□ 組織全員がすべての業務で改善を意識するためには、行動とカルチャを変えてゆく必要があると理解する。

□ 行動とカルチャを変えるためには組織上層部のリーダーシップとコミットメントが重要であると理解する。

■ 専任で継続的改善を実施するチームが必要であると理解する。

■ サプライヤとの契約内容に継続的改善の活動を含めることが望ましいと理解する。

□ 継続的改善の意思決定はデータを根拠に実施するべきであると理解する。

□ 継続的改善モデルの4つのポイントを理解する。

☐ ☐ ☐ ☐ ☐
1 2 3 4 5

設問 34/40

問題管理の３つの流れはどれですか？

A 問題の記録、問題のカテゴリ分け、問題の解決

→誤った選択肢です。

B 問題の情報、問題の警告、問題の例外

→誤った選択肢です。

C 問題の識別と記録、問題のコントロール、エラーコントロール

→正しい選択肢です。

D 問題のアセスメント、問題の承認、問題の実施

→誤った選択肢です。

正解：C　難易度：中　本文：5.3.5　問題管理

問われている内容が細かいため、やや難易度が高い問題です。問題管理の3つの流れを記憶しましょう。

□ □ □ □ □
1 2 3 4 5

設問 35/40

「フィードバックをもとに反復して進化する」の原則を適用する際の推奨事項はどれですか？

A 不完全なものでもよいので、素早く形にすることが重要である

→「フィードバックをもとに反復して進化する」では、「完全なものをつくることとも、不完全なものをつくることとも異なる。実際に使えるものをつくることが大切である」とされています。

B 分析麻痺に陥らないようにする

→正しい選択肢です。

C シンプルにすることで、繰り返し実行しやすくする

→「シンプルにし、実践的にする」を適用する際の推奨事項です。

D 活動の数を最小限に抑え、活動の質を高めることに集中できるようにする

→「シンプルにし、実践的にする」を適用する際の推奨事項です。

正解：B　難易度：中　本文：4.4　従うべき原則

「分析麻痺」とは、分析に時間を費やして何も実行しないことです。**「分析麻痺」は避けるべき**です。「フィードバックをもとに反復して進化する」の原則では、全体を理解しつつ、行動を起こし、先に進むことが重要視されています。

1	2	3	4	5

設問 36/40

カルチャが組織の選択に影響を及ぼす要素はどれですか？
1. 契約するパートナやサプライヤの選択
2. 使用する技術の選択
3. 適用する従うべき原則の選択
4. バリューストリームを構成する管理プラクティスの選択

A 1および2

→正しい選択肢です。

B 2および3

→最も適切な組み合わせではありません。

C 3および4

→最も適切な組み合わせではありません。

D 1および4

→最も適切な組み合わせではありません。

正解：A　難易度：中　　本文：4.2　サービスマネジメントの４つの側面

組織のカルチャは「契約するパートナやサプライヤの選択」に影響をもたらします。これは例えば、信頼性があると考えて大企業を選択したり、柔軟性があると考えて中小企業を選択したりするということです。また、「使用する技術の選択」にも影響をもたらします。これは例えば、安定性があると考えて長年実績のある技術を選択したり、打開力があると考えて先進技術を選択したりするということです。

なお、「従うべき原則」はすべてを適用することが推奨されているため、カルチャが「適用する従うべき原則の選択」に影響することはありません。また、「バリューストリームを構成する管理プラクティス」はカルチャではなく、バリューストリームの内容に応じて選択されます。

□ □ □ □ □
1 2 3 4 5

設問 37/40

サービス消費者の役割についての記述として、最も適切なものはどれですか？

A ユーザは、サービスの要件を定義し、サービスを消費した成果に対して責任を負う役割である

→「顧客」の役割です。

B 顧客は、サービスを利用する役割である

→「ユーザ」の役割です。

C スポンサは、サービス消費の予算を承認する役割である

→正しい選択肢です。

D サービス・プロバイダはサービス関係の中でサービス消費者にサービスを提供するうえで、組織が果たす役割である

→内容は正しいですが、「サービス・プロバイダ」は「サービス消費者」ではないため不正解です。

正解：C　難易度：中　本文：3.1　利害関係者用語

各サービス消費者とその役割を結び付けられるようにしておきましょう。

1 2 3 4 5

設問 38/40

「IT製品またはITサービスの提供に利用できる、経済的な価値を持つすべてのコンポーネント」として定義されるのはどれですか？

A リソース

→誤った選択肢です。

B 構成アイテム

→誤った選択肢です。

C IT資産

→正しい選択肢です。

D リリース

→誤った選択肢です。

正解：C　難易度：低　本文：5.2.5　IT資産管理

「IT資産」と近い用語に「構成アイテム（CI）」があります。「構成アイテム」は「ITサービスを提供するために管理する必要がある、あらゆるコンポーネント」として定義されます。「構成アイテム」には経済的価値は無関係です。

□ □ □ □ □
1 2 3 4 5

設問 39/40

ある組織は、組織が使用しているハードウェアの欠陥について、そのサプライヤから報告を受けました。この情報を分析するために必要な活動を説明している管理プラクティスはどれですか？

A 問題管理

→正しい選択肢です。

B インシデント管理

→誤った選択肢です。

C 変更実現

→誤った選択肢です。

D サービスレベル管理

→誤った選択肢です。

正解：A　難易度：高　本文：5.3.5　問題管理

遠回しに理解を問う、難易度が高い設問です。設問文がやや複雑ですが、問われている内容は「サプライヤから得た問題に関連する情報を分析する管理プラクティスはどれか」です。

問題管理には「問題の識別と記録」の中で「内部の開発者、テストチーム、プロジェクトチームやサプライヤとパートナから得た情報を分析する。」という活動があります。

□ □ □ □ □
1 2 3 4 5

設問 40/40

以下の文章で、［？］部分に当てはまる用語はどれですか？
サービスとは、顧客が特定のコストやリスクを管理することがなく、望んでいる成果を得られるようにすることで、価値の［？］を可能にする手段である

A 保証

→誤った選択肢です。なお、保証の定義は「製品またはサービスが合意済みの要件を満たすことに対する確約」です。

B 成果

→誤った選択肢です。なお、成果の定義は「1つまたは複数のアウトプットによって可能になる利害関係者にとっての結果」です。

C エスカレーション

→誤った選択肢です。なお、エスカレーションの定義は「課題や作業項目の情報を共有する、またはそのオーナシップを移管する活動」です。

D 共創

→正しい選択肢です。

正解：D　難易度：低　本文：3.4　サービス周辺用語

「サービス」の定義は記憶しましょう。サービス・プロバイダとサービス消費者は価値を共に創ります。また、他の選択肢の用語の定義も記憶しましょう。

ITIL4 ファンデーション試験
模擬試験 2

・多肢選択式

・試験時間：１時間

説明

1. 40問すべてに回答するようにしてください。1問につき1点です。
2. 設問ごとに正解は１つだけです。
3. 合格するためには、26問以上正解する必要があります。

設問 1 /40

サービス提供物に含まれる、商品の例はどれですか？

A サービス・プロバイダより提供されているユーザサポート。これにより、ユーザがサービスの利用方法に不明点がある場合問い合わせができる

B サービス・プロバイダより提供されているスマートフォン。これにより、ユーザがインターネット通信サービスを利用できる

C サービス・プロバイダより提供されている仮想サーバ。これにより、ユーザが仮想サーバを利用した活動ができる

D サービス・プロバイダより提供されているWebアプリケーション。これにより、ユーザがアプリケーションを利用した活動ができる

設問 2 /40

「サービス要求管理」についての記述として、正しいものはどれですか？

A 提供のために承認が必要となる場合がある

B ワークフロー・モデルの数を絞ると、効率性と保守性が低下する

C 自動化は「ユーザからの要求を受けてサービスデスクが処理する内容」を簡易化する方針で検討する

D サービス要求として変更を実施する場合は通常の変更として実施する

設問

3 /40

顧客エンゲージメントはサービスレベル管理にどのように貢献しますか？

A インシデントの優先順位付けを支援する

B 変更実現のスコープのベースとなる情報を収集する

C 定義されたサービスレベルを満たせるようにする

D 測定基準のベースとなる情報を収集する

設問

4 /40

従うべき原則の「現状からはじめる」で推奨されている内容はどれですか？

A 現状からは必ず流用できるものが見つかるため、詳細に分析する

B 指標を観察することで現状を分析する

C 現状の仕組みを打ち破ることから始める

D 意思決定のためのデータを集める

設問

5 /40

情報セキュリティの考慮を含む4つの側面はどれですか？

A 組織と人材

B 情報と技術

C パートナとサプライヤ

D バリューストリームとプロセス

設問

6 /40

インシデントをカテゴリ分けする目的は何ですか？

A インシデントの解決手順を文書化するため

B インシデントの再発を防ぐため

C インシデントを正しいエスカレーション先に割り当てるため

D ビジネス上の影響が大きいインシデントから先に解決されるようにするため

設問 7 /40

「サービス構成管理」で推奨されていない内容はどれですか？

A 構成アイテムに関する正確な情報を収集するだけでなく、利用可能にすることを確実にする

B 構成アイテム自体の情報だけではなく、構成アイテム間の情報も管理する

C 構成情報の収集と維持に必要な労力と、情報によって生み出される価値のバランスを取ることが重要である

D 経済的価値のある構成アイテムに関する情報のみを収集することが重要である

設問 8 /40

「シンプルにし、実践的にする」の原則を適用する際の推奨事項はどれですか？

A 活動を減らして質を高める

B システムの複雑さを認識する

C 現状から何も再利用できない場合もあることを認識する

D 可視化によりムリ、ムダ、ムラを取り除く

設問 9 /40

「問題管理」の一環として実施される活動でないものはどれですか？

A 技術的な観点から問題を分析する優先順位を決定する

B 優先順位に従って問題を分析する

C 既知のエラーを定期的にアセスメントする

D インシデントが再発するリスクを識別する

設問 10/40

「サービスで利用するサーバを製造している会社」「サービスを利用するための次年度予算を承認する人物」「サービスに興味があるがまだ利用していない人物」これらは何の例でしょうか。

A サプライヤ

B 利害関係者

C スポンサ

D サービス消費者

設問

11/40

バリューチェーン活動「取得/構築」の目的の説明として、最適なものはどれですか？

A 利害関係者のニーズ、すべての利害関係者との継続的なエンゲージ、透明性、およびすべての利害関係者との関係強化について十分な理解を促すこと

B 製品およびサービスが品質、コストおよび市場投入までの期間について、利害関係者からの期待に継続的に応えられるようにすること

C サービス・コンポーネントが合意された仕様を満たし、必要なときに必要な場所で利用できるようにすること

D 利害関係者の期待に応じて、合意された仕様に従ってサービスの提供およびサポートを実施すること

設問

12/40

インシデントの定義はどれですか？

A サービスの計画外の停止、またはサービスの品質の低下

B サービスの計画外の停止、またはサービスの品質の劣化

C サービスの計画外の中断、またはサービスの品質の低下

D サービスの計画外の中断、またはサービスの品質の劣化

設問

13/40

スイカSLA効果を避けるために最も効果的な方策はどれですか？

A サプライヤと定期的に、SLAの達成率を確認する場を設ける

B サプライヤと定期的に、SLAの意識合わせと見直しをする場を設ける

C 顧客と定期的に、SLAの意識合わせと見直しをする場を設ける

D 顧客と定期的に、SLAの達成率を確認する場を設ける

設問

14/40

従うべき原則の「価値に着目する」で推奨されている、価値に着目するために最初に実施するべき内容はどれですか？

A 作業をより小さく扱いやすいセクションに分割する

B 作業やその結果を可視化する

C サービス消費者が誰であるかを知る

D 価値を一切もたらさない活動や測定基準などは廃止する

設問 15/40

標準的な変更とは何ですか？

A 内容が理解され、完全に文書化されており、あらかじめ承認された変更

B リスク・アセスメントと承認を含め、可能な限り迅速に実行する必要がある変更

C リスクが低く、リスク・アセスメントが不要な変更

D 標準プロセスに従ってスケジューリング、評価、承認を行う必要がある変更

設問 16/40

インシデントの潜在的原因を排除するためのソフトウェアアップデートを、稼働環境に適用する際に承認を行う管理プラクティスはどれですか？

A 問題管理

B インシデント管理

C 変更実現

D 継続的改善

設問 17/40

従うべき原則の「フィードバックをもとに反復して進化する」を適用することで得られる結果ではないのはどれですか？

A 柔軟性の向上

B ニーズへの迅速な対応

C サイロが打ち破られる

D 障害（課題や阻害要因）への早期対応

設問 18/40

継続的改善モデルの「我々はどこを目指すのか？」のステップに必要な活動はどれですか？

A 組織のビジョンを確認する

B 改善計画を定義する

C ベースライン・アセスメントを実施する

D 測定可能な目標を定義する

設問 19/40

以下の文章で、［？］部分に当てはまる用語はどれですか？
顧客とは、サービスの要件を定義し、サービスを消費した［？］に対して責任を負う役割である

A コスト

B アウトプット

C 成果

D 価値

設問 20/40

サービス・バリュー・システムのアウトプットはどれですか？

A 商品

B 需要

C 保証

D 価値

設問 21/40

新規および変更されたハードウェア、ソフトウェア、文書、その他のコンポーネントを稼働環境に移行することを目的とする管理プラクティスはどれですか？

A リリース管理

B 展開管理

C サプライヤ管理

D サービス構成管理

設問 22/40

モニタリングおよびイベント管理で実施する活動はどれですか？

A 選別、記録、報告

B 優先順位付け、カテゴリ分け、解決

C アセスメント、スケジューリング、承認

D 記録、文書化、評価

設問 23/40

「1つまたは複数のインシデントの原因、または潜在的原因」と定義されるものはどれですか？

A イベント

B 既知のエラー

C ワークアラウンド

D 問題

設問 24/40

アジャイル開発やリーン開発の考え方をベースにした従うべき原則はどれですか？
1. 協働し、可視性を高める
2. 現状からはじめる
3. 包括的に考え、取り組む
4. フィードバックをもとに反復して進化する

A 1および2

B 2および3

C 3および4

D 1および4

設問
25/40

以下の文で、［？］部分に当てはまる用語は何ですか？
サービスレベルとは期待または実現されるサービス品質を定義する１つまたは複数の［？］である。

A 機能的要件

B プラクティス

C 指標

D 測定基準

設問
26/40

新たに配属されたユーザが、業務で使用するアプリケーションにアクセスできるようにするための管理プラクティスはどれですか？

A サービスレベル管理

B サービス要求管理

C インシデント管理

D サービス構成管理

設問 27/40

変更許可委員についての記述として、適切なものはどれですか？

A 変更の種類ごとに適切な変更許可委員を割り当てることが重要である

B 緊急の変更の承認にのみ、変更許可委員の承認が必要である

C 緊急の変更は、変更許可委員の承認がなくても展開可能である

D 1人の変更許可委員に、すべての変更を承認する役割を与えることが必要である

設問 28/40

一部のサービス要求を承認なしで実施するメリットはなんですか？

A 情報セキュリティ要件を満たせる

B 支出説明の責任を適切に負える

C ワークフローを効率化できる

D コンプライアンス要件を満たせる

設問 29/40

保証に含まれないものはどれですか？

A キャパシティ

B セキュリティ

C 継続性

D 有用性

設問 30/40

継続的改善管理表（CIR）について、推奨されていることは何ですか？

A すぐに実装しない改善のアイデアは削除すること

B インシデント管理と問題管理からのみ起票されるようにすること

C 改善が記録され、文書化され、評価され、優先度が付けられること

D 組織内に複数のCIRが存在しないようにすること

設問

31/40

組織と人材の側面に対する説明はどれですか？

A サービスマネジメントに関連するパートナとの関係や、交わされる契約および合意

B サイロを突き崩すための、組織構造やカルチャ

C サービスマネジメントやITサービスを支援する、情報や知識および技術

D 価値創出のために必要な活動、ワークフロー、コントロールおよび手順

設問

32/40

利害関係者とのつながりを確立し、深めることを目的とした管理プラクティスはどれですか？

A サービスデスク

B 関係管理

C サプライヤ管理

D サービスレベル管理

設問

33/40

すべてのサービス・プロバイダ外の利害関係者とのやり取りをするバリューチェーン活動はどれですか？

A 提供およびサポート

B エンゲージ

C 計画

D ネゴシエーション

設問

34/40

「変更実現」の管理プラクティスの推奨事項はどれですか？

A 変更スケジュールは、変更の計画立案、連絡の支援、衝突の回避、リソースの割り当てに使用される

B 組織の変更に伴うマイナスのリスクと期待されるメリットをアセスメントし、そのバランスを取る

C 変更実現のスコープは常にITインフラストラクチャ、アプリケーションである

D 変更には「標準的な変更」「普通の変更」「至急の変更」という3種類がある

設問 35/40

「最適化し、自動化する」の原則を適用する際の推奨事項でないものはどれですか？

A 自動化の前に簡略化や最適化を行う

B 最適化を評価するために、価値に重点を置いた測定基準をつくる

C システムの複雑さを認識する

D 他の従うべき原則も適用する

設問 36/40

災害発生時以外で、災害復旧計画を開始する管理プラクティスはどれですか？

A インシデント管理

B サービス継続性管理

C 変更実現

D サービス構成管理

設問 37/40

リスクの管理が目的に含まれる管理プラクティスはどれですか？

1.サービスレベル管理　2.情報セキュリティ管理
3.IT資産管理　4.リリース管理

A　1および2

B　2および3

C　3および4

D　1および4

設問 38/40

ワークアラウンドが「根本解決できない問題の恒久的な対処策」となるとき、何が起こりますか？

A　問題がサービス要求になる

B　問題がインシデントになる

C　問題がクローズされる

D　問題が既知のエラーのままになる

設問 39/40

以下の文章で、［？］部分に当てはまる用語はどれですか？
情報セキュリティ管理の目的は、組織の事業運営に必要な情報を［？］することである。

A 保護

B 保全

C 保証

D 保管

設問 40/40

サービス関係で価値を共創する役割はどれですか？

1.顧客 **2.サプライヤ**
3.サービス消費者 **4.サービス・プロバイダ**

A 1および2

B 2および3

C 3および4

D 1および4

ITIL4 ファンデーション試験
模擬試験 2

解答・解説

□ □ □ □ □
1 2 3 4 5

設問
1 /40

サービス提供物に含まれる、商品の例はどれですか？

A サービス・プロバイダより提供されているユーザサポート。これにより、ユーザがサービスの利用方法に不明点がある場合問い合わせができる

→「サービス活動」の例です。

B サービス・プロバイダより提供されているスマートフォン。これにより、ユーザがインターネット通信サービスを利用できる

→正しい選択肢です。

C サービス・プロバイダより提供されている仮想サーバ。これにより、ユーザが仮想サーバを利用した活動ができる

→「リソースへのアクセス」でユーザがアクセスするリソースの例です。

D サービス・プロバイダより提供されているWebアプリケーション。これにより、ユーザがアプリケーションを利用した活動ができる

→「リソースへのアクセス」でユーザがアクセスするリソースの例です。

正解：B　難易度：中　本文：3.4　サービス周辺用語

「サービス提供物」には「商品」「リソースへのアクセス」「サービス活動」などが含まれます。

商品は「サービス・プロバイダからサービス消費者に渡される、または渡すことができる有形リソースです。オーナシップに加えて、関連づけられている権限と責任もサービス消費者に移管される」と定義されており、選択肢CやDは該当しません（仮想サーバもWebアプリケーションも**サービス消費者に渡される有形のリソースではありません**）。

□ □ □ □ □
1 2 3 4 5

設問 2 /40

「サービス要求管理」についての記述として、正しいものはどれですか？

A 提供のために承認が必要となる場合がある

→正しい選択肢です。

B ワークフロー・モデルの数を絞ると、効率性と保守性が低下する

→サービス要求はワークフローを持ちますが、ワークフロー・モデルの数をある程度に絞ると、**効率性と保守性が向上します**。

C 自動化は「ユーザからの要求を受けてサービスデスクが処理する内容」を簡易化する方針で検討する

→自動化はセルフサービス化する方針で検討をすることが推奨されています。

D サービス要求として変更を実施する場合は通常の変更として実施する

→サービス要求として変更を実施する場合は**標準的な変更**として実施します。

正解：A　難易度：中　本文：5.3.2　サービス要求管理

「サービス要求管理」のポイントは以下です（この設問で問われているポイントは■です）。

□ 目的はユーザが開始したすべてのサービス要求を処理し、合意済みのサービス品質を支援することであると理解する。

□ 明確で標準的なプロセスと手順を使用することを理解する。

■ 変更を実施する場合は標準的な変更として実施することを理解する。

■ 対応のために承認が必要となる場合があることを理解する。

■ ワークフロー・モデルの数をある程度に絞ると、効率性と保守性が向上することを理解する。

■ 自動化はセルフサービス化する方針で検討することを理解する。

☐ ☐ ☐ ☐ ☐
1 2 3 4 5

設問 3 /40

顧客エンゲージメントはサービスレベル管理にどのように貢献しますか？

A インシデントの優先順位付けを支援する

→誤った選択肢です。

B 変更実現のスコープのベースとなる情報を収集する

→誤った選択肢です。

C 定義されたサービスレベルを満たせるようにする

→誤った選択肢です。

D 測定基準のベースとなる情報を収集する

→正しい選択肢です。

正解：D　難易度：高　本文：5.1.1　サービスレベル管理

細かい内容の理解を問う、難易度が高い設問です。設問文は「顧客と接点を持つことは、サービスレベル管理の活動の中で何に役立ちますか？」と言い換えることができます。

サービスレベル管理ではサービスの様々な測定基準とその目標値を顧客のビジネスに基づいて決定します。つまり、顧客と接点を持つことで、測定基準のベースとなる情報を収集します。

□ □ □ □ □
1 2 3 4 5

設問 4 /40

従うべき原則の「現状からはじめる」で推奨されている内容はどれですか？

A 現状からは必ず流用できるものが見つかるため、詳細に分析する

→現状から何も再利用できない場合もあることを認識すべきであるとされています。

B 指標を観察することで現状を分析する

→指標は観察対象そのものにはなりません。指標は観察対象の分析に役立てるために使用すべきものです。

C 現状の仕組みを打ち破ることから始める

→現状を否定して、全く新しいものをつくることを推奨していません。

D 意思決定のためのデータを集める

→正しい選択肢です。

正解：D　難易度：中　本文：4.4　従うべき原則

「現状からはじめる」のポイントは以下です（この設問で問われているポイントは■です）。

- ■ 現状を否定して、全く新しいものをつくることは推奨しないことを理解する。
- ■ 進め方の意思決定にはデータ活用が重要であることを理解する。
- ■ 指標は観察対象そのものの代わりにはならないことを理解する。
- ■ 現状から何も再利用できない場合もあることを理解する。

1 2 3 4 5

設問
5 /40

情報セキュリティの考慮を含む4つの側面はどれですか？

A 組織と人材

→誤った選択肢です。

B 情報と技術

→正しい選択肢です。

C パートナとサプライヤ

→誤った選択肢です。

D バリューストリームとプロセス

→誤った選択肢です。

正解：B　難易度：低　本文：4.2　サービスマネジメントの４つの側面

「情報と技術」の側面の「情報とナレッジ」の中に、情報セキュリティの考慮について検討することが書かれています。

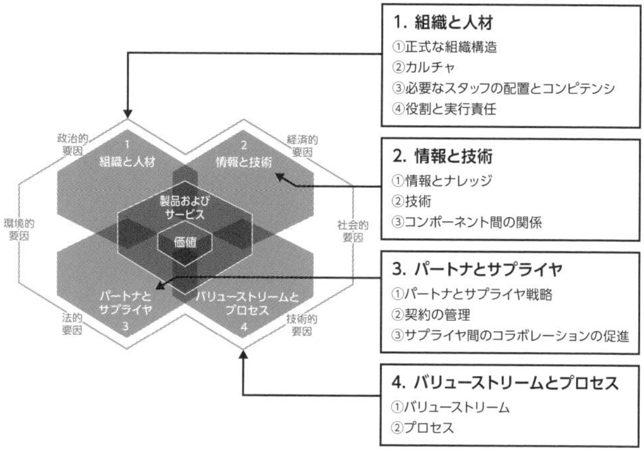

再掲：図4.2-5　4つの側面の各要素

□ □ □ □ □
1 2 3 4 5

設問 6 /40

インシデントをカテゴリ分けする目的は何ですか？

A インシデントの解決手順を文書化するため

→誤った選択肢です。

B インシデントの再発を防ぐため

→誤った選択肢です。

C インシデントを正しいエスカレーション先に割り当てるため

→正しい選択肢です。

D ビジネス上の影響が大きいインシデントから先に解決されるようにするため

→誤った選択肢です。

正解：C　難易度：中　本文：5.3.4　インシデント管理

正しいエスカレーション先に割り当てるため、インシデントをカテゴリ分けします。また、ビジネス上の影響が大きいインシデントから先に解決されるように、インシデントに優先順位付けをします。

□ □ □ □ □
1 2 3 4 5

設問 7 /40

「サービス構成管理」で推奨されていない内容はどれですか？

A 構成アイテムに関する正確な情報を収集するだけでなく、利用可能にすることを確実にする

→誤った（正しい推奨事項が記述された）選択肢です。

B 構成アイテム自体の情報だけではなく、構成アイテム間の情報も管理する

→誤った（正しい推奨事項が記述された）選択肢です。

C 構成情報の収集と維持に必要な労力と、情報によって生み出される価値のバランスを取ることが重要である

→誤った（正しい推奨事項が記述された）選択肢です。

D 経済的価値のある構成アイテムに関する情報のみを収集することが重要である

→正しい（誤った推奨事項が記述された）選択肢です。なお、「構成アイテム」には、経済的価値の有無は無関係です。

正解：D　難易度：中　本文：5.2.4　サービス構成管理

「サービス構成管理」のポイントは以下です（この設問で問われているポイントは■です）。

□ 目的は「構成アイテム（CI）に関する正確な情報を利用できるようにすること」であると理解する。

■ 構成アイテムに関する情報を収集するだけでなく、利用可能にすることを理解する。

■ 構成アイテム間の関連性についての情報も扱うことを理解する。

■ どのレベルの情報までを管理するかについて検討することが重要であると理解する。

□ □ □ □ □
1 2 3 4 5

設問 8 /40

「シンプルにし、実践的にする」の原則を適用する際の推奨事項はどれですか？

A 活動を減らして質を高める

→正しい選択肢です。

B システムの複雑さを認識する

→「包括的に考え、取り組む」の原則を適用する際の推奨事項です。

C 現状から何も再利用できない場合もあることを認識する

→「現状からはじめる」の原則を適用する際の推奨事項です。

D 可視化によりムリ、ムダ、ムラを取り除く

→「協働し、可視性を高める」の原則を適用する際の推奨事項です。

正解：A　難易度：中　本文：4.4　従うべき原則

各原則を適用する際の重要なポイントを理解しましょう。

□ □ □ □ □
1 2 3 4 5

設問 9 /40

「問題管理」の一環として実施される活動でないものはどれですか？

A 技術的な観点から問題を分析する優先順位を決定する

→正しい（誤った活動が記述された）選択肢です。

B 優先順位に従って問題を分析する

→誤った（正しい活動が記述された）選択肢です。なお、選択肢の活動は「問題のコントロール」の一環として実施されます。決められた優先順位に従って問題を分析します。

C 既知のエラーを定期的にアセスメントする

→誤った（正しい活動が記述された）選択肢です。なお、選択肢の活動は「エラーコントロール」の一環として実施されます。解決されていない既知のエラーについて、このままワークアラウンドを実施し続けるか、恒久的な解決策が実施可能か再アセスメントします。また、ワークアラウンドの有効性も再アセスメントします。

D インシデントが再発するリスクを識別する

→誤った（正しい活動が記述された）選択肢です。なお、選択肢の活動は「問題の識別と記録」の一環として実施されます。問題はインシデントの原因なので、まずインシデントのリスクを識別します。

正解：A　難易度：中　本文：5.3.5　問題管理

「問題のコントロール」では、問題がもたらすリスク、インパクト、発生確率に基づいて、問題を分析する優先順位づけを支援します。また、問題の優先順位づけはビジネスへのリスクを考慮する必要があります。

□ 1　□ 2　□ 3　□ 4　□ 5

設問 10/40

「サービスで利用するサーバを製造している会社」「サービスを利用するための次年度予算を承認する人物」「サービスに興味があるがまだ利用していない人物」これらは何の例でしょうか。

A サプライヤ

→「サービスで利用するサーバを製造している会社」はサプライヤの例です。サプライヤとは、「サービスに組み込まれているサービス、機材、資材などを提供する組織のこと」です。

B 利害関係者

→正しい選択肢です。

C スポンサ

→「サービスを利用するための予算を承認する人物」はスポンサの例です。スポンサとは、「サービスを消費するうえで使用する予算を承認する役割」です。

D サービス消費者

→「顧客」「ユーザ」「スポンサ」を併せた概念が「サービス消費者」です。

正解：B　難易度：中　本文：3.1　利害関係者用語

利害関係者の定義とは「組織、製品、サービス、プラクティスまたはその他のエンティティに関心がある、または関与している個人または組織」です。解答の選択肢はそれぞれに定義されていますが、これら**すべてを包含する概念が利害関係者**です。

□1 □2 □3 □4 □5

設問 11/40

バリューチェーン活動「取得/構築」の目的の説明として、最適なものはどれですか？

A 利害関係者のニーズ、すべての利害関係者との継続的なエンゲージ、透明性、およびすべての利害関係者との関係強化について十分な理解を促すこと

→「エンゲージ」のバリューチェーン活動の目的です。

B 製品およびサービスが品質、コストおよび市場投入までの期間について、利害関係者からの期待に継続的に応えられるようにすること

→「設計および移行」のバリューチェーン活動の目的です。

C サービス・コンポーネントが合意された仕様を満たし、必要なときに必要な場所で利用できるようにすること

→正しい選択肢です。

D 利害関係者の期待に応じて、合意された仕様に従ってサービスの提供およびサポートを実施すること

→「提供およびサポート」のバリューチェーン活動の目的です。

正解：C　難易度：中　本文：4.5　サービス・バリュー・チェーン

各バリューチェーン活動の目的を理解しましょう。

1 2 3 4 5

設問 12/40

インシデントの定義はどれですか？

A サービスの計画外の停止、またはサービスの品質の低下

→誤った選択肢です。

B サービスの計画外の停止、またはサービスの品質の劣化

→誤った選択肢です。

C サービスの計画外の中断、またはサービスの品質の低下

→正しい選択肢です。

D サービスの計画外の中断、またはサービスの品質の劣化

→誤った選択肢です。

正解：C　難易度：低　本文：5.3.4　インシデント管理

「インシデント」の定義を記憶しましょう。

1 2 3 4 5

設問 13/40

スイカSLA効果を避けるために最も効果的な方策はどれですか？

A サプライヤと定期的に、SLAの達成率を確認する場を設ける

→誤った選択肢です。

B サプライヤと定期的に、SLAの意識合わせと見直しをする場を設ける

→誤った選択肢です。

C 顧客と定期的に、SLAの意識合わせと見直しをする場を設ける

→正しい選択肢です。

D 顧客と定期的に、SLAの達成率を確認する場を設ける

→誤った選択肢です。

正解：C　難易度：中　本文：5.1.1　サービスレベル管理

SLAが不適切で、SLAを満たしていても顧客が不満を抱いている状態を「スイカSLA効果」と言います。この状態を避けるために、顧客とのエンゲージとフィードバックが重要です。

SLAを満たしていても顧客は不満を抱いているので、**SLAの達成率を確認してもスイカSLA効果は防げません**。顧客とSLAの意識合わせと見直しをする必要があります。

☐ ☐ ☐ ☐ ☐
1 2 3 4 5

設問 14/40

従うべき原則の「価値に着目する」で推奨されている、価値に着目するために最初に実施するべき内容はどれですか？

A 作業をより小さく扱いやすいセクションに分割する

→「フィードバックをもとに反復して進化する」で推奨されている内容です。

B 作業やその結果を可視化する

→「協働し、可視性を高める」で推奨されている内容です。

C サービス消費者が誰であるかを知る

→正しい選択肢です。

D 価値を一切もたらさない活動や測定基準などは廃止する

→「シンプルにし、実践的にする」で推奨されている内容です。

正解：C　難易度：中　本文：4.4　従うべき原則

「価値に着目する」のポイントは以下です（この設問で問われているポイントは■です）。

□ すべての活動は、価値に結び付いていないといけないことを理解する。

■ 価値に着目する最初のステップは、サービス消費者は誰かを知ることであると理解する。

1	2	3	4	5

設問

15/40 標準的な変更とは何ですか？

A 内容が理解され、完全に文書化されており、あらかじめ承認された変更

→正しい選択肢です。

B リスク・アセスメントと承認を含め、可能な限り迅速に実行する必要がある変更

→「緊急の変更」の説明です。

C リスクが低く、リスク・アセスメントが不要な変更

→すべての変更はリスク・アセスメントと承認が必要です。なお、「標準的な変更」は事前にリスク・アセスメントと承認が済んでいるため、個別にリスク・アセスメントと承認は不要です。

D 標準プロセスに従ってスケジューリング、評価、承認を行う必要がある変更

→「通常の変更」の説明です。

正解：A　難易度：中　本文：5.2.1　変更実現

「標準的な変更」はリスク・アセスメントと承認が不要なのではなく、**事前に実施済みである**ことを理解しましょう。

□ □ □ □ □
1 2 3 4 5

設問 16/40

インシデントの潜在的原因を排除するためのソフトウェアアップデートを、稼働環境に適用する際に承認を行う管理プラクティスはどれですか？

A 問題管理

→誤った選択肢です。

B インシデント管理

→誤った選択肢です。

C 変更実現

→正しい選択肢です。

D 継続的改善

→誤った選択肢です。

正解：C　難易度：中　本文：5.3.5　問題管理

　やや難易度が高い設問です。「インシデントの潜在的原因」とは「問題」のことですが、「問題」を解消するための**変更を承認するのは「変更実現」**です。

「5.3.5　問題管理」の「他のプラクティスとの関係性」の項目を参照してください。

□ □ □ □ □
1 2 3 4 5

設問 17/40

従うべき原則の「フィードバックをもとに反復して進化する」を適用することで得られる結果ではないのはどれですか？

A 柔軟性の向上

→誤った（正しい推奨事項が記述された）選択肢です。

B ニーズへの迅速な対応

→誤った（正しい推奨事項が記述された）選択肢です。

C サイロが打ち破られる

→正しい（誤った推奨事項が記述された）選択肢です。なお、「協働し、可視性を高める」の原則を適用することで、サイロを打ち破る一助となります。

D 障害（課題や阻害要因）への早期対応

→誤った（正しい推奨事項が記述された）選択肢です。

正解：C　難易度：中　本文：4.4　従うべき原則

「フィードバックをもとに反復して進化する」のポイントは以下です（この設問で問われているポイントは■です）。

□ アジャイル開発の考え方がベースとなっており、作業を小さなセクションに分割し、小さな目に見える成果を積み重ねることが大切であると理解する。

■ 繰り返しフィードバックを受けることにより「柔軟性の向上」「ニーズへの迅速な対応」「障害（課題や阻害要因）の早期発見対応」が可能となることを理解する。

□「分析麻痺」とは分析に時間を費やして何も実行しないことであり、避けるべきと理解する。

□ 実際に使えるものをつくることが大切であると理解する。

□ □ □ □ □
1 2 3 4 5

設問 18/40

継続的改善モデルの「我々はどこを目指すのか？」のステップに必要な活動はどれですか？

A 組織のビジョンを確認する

→「ビジョンは何か？」のステップに必要な活動です。

B 改善計画を定義する

→「どのようにして目標を達成するのか？」のステップに必要な活動です。

C ベースライン・アセスメントを実施する

→「我々はどこにいるのか？」のステップに必要な活動です。

D 測定可能な目標を定義する

→正しい選択肢です。

正解：D　難易度：中　本文：5.4.1　継続的改善

「継続的改善モデル」で重要なポイント4点を理解しましょう。

① 最初のステップとして「ビジョンは何か？」で組織のビジョンや目標を確認します。

②「我々はどこにいるのか？」でベースライン・アセスメントを実施して、意思決定をするためのデータを集めます。

③「我々はどこを目指すのか？」で測定可能な目標を立て、「我々は達成したのか？」で測定基準とKPIを評価することによって、目標の達成確認をします。

④ 継続的改善モデルのサイクルを何度も回すことが大切で、サイクルを回すためにカルチャのレベルで継続的改善を浸透させる必要があります。

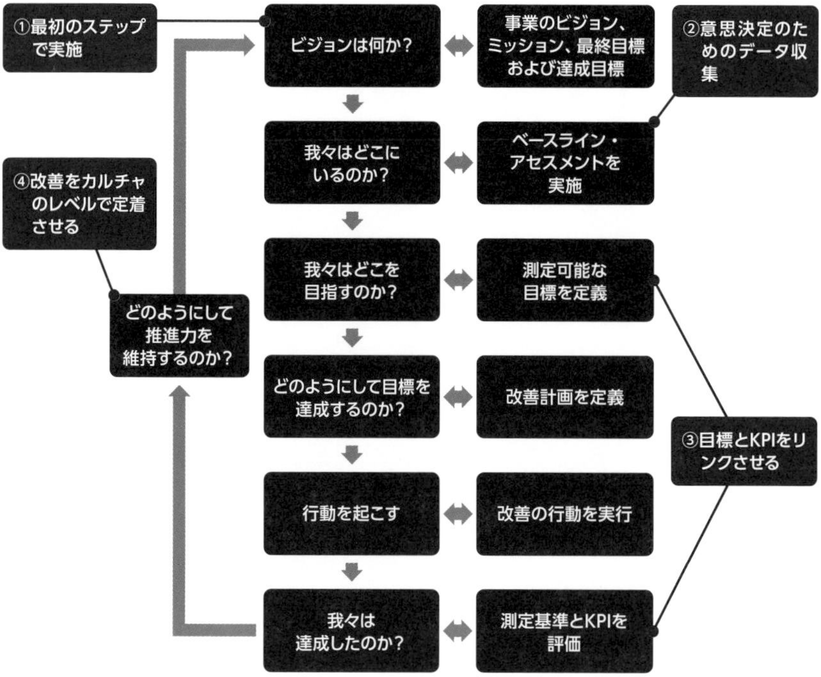

再掲：図5.4-1　継続的改善モデル

□ □ □ □ □
1 2 3 4 5

設問 19/40

以下の文章で、［？］部分に当てはまる用語はどれですか？
顧客とは、サービスの要件を定義し、サービスを消費した［？］に対して責任を負う役割である

A コスト

→誤った選択肢です。なお、「コスト」の定義は「特定の活動またはリソースに費やされた金銭の額」です。

B アウトプット

→誤った選択肢です。なお、「アウトプット」の定義は「活動の有形または無形の提供物」です。

C 成果

→正しい選択肢です。なお、「成果」の定義は「1つまたは複数のアウトプットによって可能になる利害関係者にとっての結果」です。

D 価値

→誤った選択肢です。なお、「価値」の定義は「認識されている便益、便利さおよび何らかの重要性」です。

正解：C　難易度：低　本文：3.1　利害関係者用語

「顧客」の定義は記憶しましょう。また、他の選択肢の用語の定義も記憶しましょう。

1 2 3 4 5

設問 20/40

サービス・バリュー・システムのアウトプットはどれですか？

A 商品

→誤った選択肢です。なお、「商品」の定義は「サービス・プロバイダからサービス消費者に渡される、または渡すことができる有形リソース」です。

B 需要

→誤った選択肢です。なお、「機会と需要」は「サービス・バリュー・システムのインプット」です。

C 保証

→誤った選択肢です。なお、「保証」の定義は「製品またはサービスが合意済みの要件を満たすことに対する確約」です。

D 価値

→正しい選択肢です。

正解：D　難易度：低　本文：4.3　サービス・バリュー・システム

　サービス・バリュー・システム主なインプットは「機会と需要」で、主なアウトプットは「価値」です。

□ □ □ □ □
1 2 3 4 5

設問 21/40

新規および変更されたハードウェア、ソフトウェア、文書、その他のコンポーネントを稼働環境に移行することを目的とする管理プラクティスはどれですか？

A リリース管理

→誤った選択肢です。なお、「リリース管理」の目的は、「新規および変更されたサービスと特性を利用可能な状態にすること」です。

B 展開管理

→正しい選択肢です。

C サプライヤ管理

→誤った選択肢です。なお、「サプライヤ管理」の目的は、「サプライヤおよびそのパフォーマンスを適切に管理すること」です。

D サービス構成管理

→誤った選択肢です。なお、「サービス構成管理」の目的は、「構成アイテム（CI）に関する正確な情報を利用できるようにすること」です。

正解：B　難易度：中　本文：5.2.2　展開管理

新規および変更されたサービスと特性を稼働環境に移動するのが「展開管理」、利用できるようにするのが「リリース管理」です。違いを理解しましょう。

1 2 3 4 5

設問 22/40

モニタリングおよびイベント管理で実施する活動はどれですか？

A 選別、記録、報告

→正しい選択肢です。

B 優先順位付け、カテゴリ分け、解決

→これらの活動は「インシデント管理」で実施します。

C アセスメント、スケジューリング、承認

→これらの活動は「変更実現」で実施します。

D 記録、文書化、評価

→これらの活動は「継続的改善」で実施します。

正解：A　難易度：中　本文：5.3.3　モニタリングおよびイベント管理

「モニタリングおよびイベント管理」の目的は「サービスおよびサービス・コンポーネントを体系的にモニタリングし、イベントとして識別された『状態の変更』を**選別**して**記録**および**報告**すること」です。

1	2	3	4	5

設問 23/40

「1つまたは複数のインシデントの原因、または潜在的原因」と定義されるものはどれですか？

A イベント

→誤った選択肢です。なお、「イベント」の定義は「サービスまたはその他の構成アイテム（CI）を管理するうえで重要な意味を持つ状態の変更」です。

B 既知のエラー

→誤った選択肢です。なお、「既知のエラー」の定義は「分析済みだが未解決の問題」です。

C ワークアラウンド

→誤った選択肢です。なお、「ワークアラウンド」の定義は「まだ完全な解決策がないインシデントまたは問題のインパクトを軽減または排除するソリューション」です。

D 問題

→正しい選択肢です。

正解：D　難易度：低　本文：5.3.5　問題管理

各用語の定義を記憶し、関係を理解しましょう。構成アイテム（CI）の状態の変更が「イベント」で、これによりサービスの中断や品質の低下である「インシデント」を検知します。インシデントの原因が「問題」で、分析済みの問題が「既知のエラー」です。

□ □ □ □ □
1 2 3 4 5

設問 24/40

アジャイル開発やリーン開発の考え方をベースにした従うべき原則はどれですか？

1. 協働し、可視性を高める
2. 現状からはじめる
3. 包括的に考え、取り組む
4. フィードバックをもとに反復して進化する

A 1および2

→最も適切な組み合わせではありません。

B 2および3

→最も適切な組み合わせではありません。

C 3および4

→最も適切な組み合わせではありません。

D 1および4

→正しい選択肢です。

正解：D　難易度：中　本文：4.4　従うべき原則

「フィードバックをもとに反復して進化する」はアジャイル開発の考え方をベースとしています。「協働し、可視性を高める」はリーン開発の考え方をベースとしています。

□ □ □ □ □
1 2 3 4 5

設問 25/40

以下の文で、［？］部分に当てはまる用語は何ですか？
サービスレベルとは期待または実現されるサービス品質を定義する１つまたは複数の［？］である。

A 機能的要件

→誤った選択肢です。

B プラクティス

→誤った選択肢です。

C 指標

→誤った選択肢です。

D 測定基準

→正しい選択肢です。

正解：D　難易度：低　本文：5.1.1　サービスレベル管理

「サービスレベル」の定義を記憶しましょう。

□ □ □ □ □
1 2 3 4 5

設問 26/40

新たに配属されたユーザが、業務で使用するアプリケーションにアクセスできるようにするための管理プラクティスはどれですか？

A サービスレベル管理

→誤った選択肢です。

B サービス要求管理

→正しい選択肢です。

C インシデント管理

→誤った選択肢です。

D サービス構成管理

→誤った選択肢です。

正解：B　難易度：中　本文：5.3.2　サービス要求管理

設問文の活動は「サービス要求」です。「サービス要求」とは「通常のサービス提供の一部として合意されたサービス活動を開始する、ユーザまたは権限を与えられたユーザ代理人からの要求」です。

□ □ □ □ □

1 2 3 4 5

設問 27/40

変更許可委員についての記述として、適切なものはどれですか？

A 変更の種類ごとに適切な変更許可委員を割り当てることが重要である

→正しい選択肢です。

B 緊急の変更の承認にのみ、変更許可委員の承認が必要である

→他の種類の変更にも、変更許可委員の承認が必要です。

C 緊急の変更は、変更許可委員の承認がなくても展開可能である

→すべての変更には承認が必要です。標準的な変更は事前に承認をします。

D 1人の変更許可委員に、すべての変更を承認する役割を与えることが必要である

→変更の種類ごとに適切な変更許可委員を割り当てることが重要です。

正解：A　難易度：中　本文：5.2.1　変更実現

変更の種類ごとに適切な変更許可委員を割り当てることが重要です。変更にはアセスメントと承認が必要です。

1	2	3	4	5

設問 28/40

一部のサービス要求を承認なしで実施するメリットはなんですか？

A 情報セキュリティ要件を満たせる

→誤った選択肢です。

B 支出説明の責任を適切に負える

→誤った選択肢です。

C ワークフローを効率化できる

→正しい選択肢です。

D コンプライアンス要件を満たせる

→誤った選択肢です。

正解：C　難易度：高　本文：5.3.2　サービス要求管理

細かい内容の理解を問う、難易度が高い設問です。サービス要求対応のために、財務、情報セキュリティ、またはその他のポリシーに基づく承認を行う必要がある場合があります。

具体的には、財務承認を行うことで「支出説明の責任を適切に負える」ようになったり、情報セキュリティに関する承認を行うことで「情報セキュリティ要件を満たせる」ようになったり、コンプライアンスに関する承認を行うことで「コンプライアンス要件を満たせる」ようになったりします。つまり、誤った選択肢には**承認を行うことで得られる可能性があるメリット**が記述されています。

反対に**承認を行わないことで得られるメリット**は、「承認」という1つのステップを省略することでワークフローが効率化されることです。

1 2 3 4 5

設問
29/40

保証に含まれないものはどれですか？

A キャパシティ

→誤った（保証に含まれる）選択肢です。

B セキュリティ

→誤った（保証に含まれる）選択肢です。

C 継続性

→誤った（保証に含まれる）選択肢です。

D 有用性

→正しい（保証に含まれない）選択肢です。

正解：D　難易度：低　本文：3.3　価値周辺用語

「保証」の４つの要素を記憶しましょう。有用性とすべての保証を兼ねそなえると価値につながることを理解しましょう。

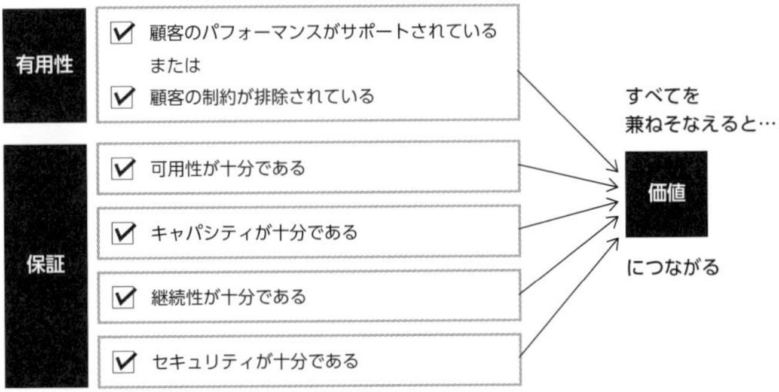

再掲：図3.3-1　価値周辺用語の関係図

□ □ □ □ □
1 2 3 4 5

設問 30/40

継続的改善管理表（CIR）について、推奨されていることは何ですか？

A すぐに実装しない改善のアイデアは削除すること

→このような推奨事項はありません。

B インシデント管理と問題管理からのみ起票されるようにすること

→改善案は組織内のあらゆる活動から提案できます。

C 改善が記録され、文書化され、評価され、優先度が付けられること

→正しい選択肢です。

D 組織内に複数のCIRが存在しないようにすること

→組織内に複数のCIRが存在する場合もあります。

正解：C　難易度：中　本文：5.4.1　継続的改善

「継続的改善管理表（CIR）」のポイントは以下です（この設問で問われているポイントは■です）。

□ 継続的改善管理表（CIR）は改善のアイデア識別から最終的に取られたアクションまでを追跡し、管理するための管理簿であると理解する。

■ 組織内に複数のCIRが存在する場合もあり、マスタとして1本のCIRを持つ場合もあることを理解する。

■ 改善案は組織内のあらゆる活動から提案できるが、CIRに文書化することが重要であることを理解する。

■ 改善案は「記録」「文書化」「評価」「優先度付け」をすると理解する。

☐ ☐ ☐ ☐ ☐
1 2 3 4 5

設問

31/40 組織と人材の側面に対する説明はどれですか？

A サービスマネジメントに関連するパートナとの関係や、交わされる契約および合意

→「パートナとサプライヤ」に対する説明です。

B サイロを突き崩すための、組織構造やカルチャ

→正しい選択肢です。

C サービスマネジメントやITサービスを支援する、情報や知識および技術

→「情報と技術」に対する説明です。

D 価値創出のために必要な活動、ワークフロー、コントロールおよび手順

→「バリューストリームとプロセス」に対する説明です。

正解：B　難易度：中　本文：4.2　サービスマネジメントの４つの側面

「組織と人材」の側面は、いかにしてサイロ（縦割り組織）を突き崩すかが重要なポイントになっています。

□ □ □ □ □
1 2 3 4 5

設問 32/40

利害関係者とのつながりを確立し、深めることを目的とした管理プラクティスはどれですか？

A サービスデスク

→誤った選択肢です。

B 関係管理

→正しい選択肢です。

C サプライヤ管理

→誤った選択肢です。

D サービスレベル管理

→誤った選択肢です。

正解：B　難易度：中　本文：5.1.2　関係管理

「関係管理」の目的を理解しましょう。

□ □ □ □ □
1 2 3 4 5

設問 33/40

すべてのサービス・プロバイダ外の利害関係者とのやり取りをするバリューチェーン活動はどれですか？

A 提供およびサポート

→誤った選択肢です。

B エンゲージ

→正しい選択肢です。

C 計画

→誤った選択肢です。

D ネゴシエーション

→誤った選択肢です。なお、バリューチェーン活動に「ネゴシエーション」という活動はありません。

正解：B　難易度：中　本文：4.5　サービス・バリュー・チェーン

サービス・プロバイダ外の利害関係者とのやり取りは、すべて「エンゲージ」の活動を通じて実行されます。

□ □ □ □ □
1 2 3 4 5

設問 34/40

「変更実現」の管理プラクティスの推奨事項はどれですか？

A 変更スケジュールは、変更の計画立案、連絡の支援、衝突の回避、リソースの割り当てに使用される

→正しい選択肢です。なお、変更実施後も「インシデント管理」「問題管理」「継続的改善」で活用されます。

B 組織の変更に伴うマイナスのリスクと期待されるメリットをアセスメントし、そのバランスを取る

→**組織の変更**は「変更実現」で実施しません。

C 変更実現のスコープは常にITインフラストラクチャ、アプリケーションである

→スコープ（適用範囲）に何を含めるかは各組織で定義します。通常は、上記の他にドキュメント、プロセス、サプライヤ関係、製品またはサービスに直接的または間接的にインパクトを与える可能性のあるすべての要素を含みます。

D 変更には「標準的な変更」「普通の変更」「至急の変更」という3種類がある

→3種類の変更は「標準的な変更」「通常の変更」「緊急の変更」です。

正解：A　難易度：中　本文：5.2.1　変更実現

やや細かい内容が問われていますため、消去法での解答を推奨します。誤りの選択肢はどれも重要なポイントが理解できていれば誤りと判断できます。

「変更実現」のポイントは以下です（この設問で問われているポイントは■です）。

□ 目的は「変更に伴うマイナスのリスクを評価し、変更が実施されることの承認とスケジュール管理を行い、これによりIT変更の成功する回数を最大化すること」であると理解する。

■「変更実現」の適用範囲（スコープ）に何を含めるかは各組織で定義することを理解する。

- ■「変更実現」と「組織変更の管理」の違いを理解する。（変更実現では通常、製品やサービスの変更を対象とし、組織の変更は対象外とすることを理解する）。
- □ 変更に伴うマイナスのリスクと期待されるメリットをアセスメントし、そのバランスを取る必要があることを理解する。
- □ 変更の種類ごとに適切な変更許可委員を割り当てることが重要であると理解する。
- ■ 変更スケジュールの用途を理解する。
- ■ 3種類の変更とその特徴を理解する。

□ □ □ □ □
1 2 3 4 5

設問 35/40

「最適化し、自動化する」の原則を適用する際の推奨事項でないものはどれですか？

A 自動化の前に簡略化や最適化を行う

→誤った（正しい推奨事項が記述された）選択肢です。

B 最適化を評価するために、価値に重点を置いた測定基準をつくる

→誤った（正しい推奨事項が記述された）選択肢です。

C システムの複雑さを認識する

→正しい（誤った推奨事項が記述された）選択肢です。なお、「システムの複雑さを認識する」は「包括的に考え、取り組む」の原則を適用する際の推奨事項です。

D 他の従うべき原則も適用する

→誤った（正しい推奨事項が記述された）選択肢です。

正解：C　難易度：中　本文：4.4　従うべき原則

「最適化し、自動化する」のポイントは以下です（この設問で問われているポイントは■です）。

■ 自動化の前に最適化が必要であると理解する。

■ 最適化によって目指した目標と実際の結果を評価するために、価値に重点を置いた測定基準をつくることを理解する。

■ この原則を適用するために、他の原則も適用してゆくことを理解する。

□ 自動化のデメリットを理解する。

□ □ □ □ □
1 2 3 4 5

設問 36/40

災害発生時以外で、災害復旧計画を開始する管理プラクティスはどれですか？

A インシデント管理

→正しい選択肢です。

B サービス継続性管理

→誤った選択肢です。なお、災害復旧計画を整備し、災害時に災害復旧契約を開始するのは「サービス継続性管理」です。「サービス継続性管理」はITIL4ファンデーション試験範囲外の管理プラクティスです。

C 変更実現

→誤った選択肢です。なお、災害復旧計画の中で変更を実施するのは「変更実現」です。

D サービス構成管理

→誤った選択肢です。なお、災害復旧計画の実行において、「サービス構成管理」で整備された情報を利用します。

正解：A　難易度：高　本文：5.3.4　インシデント管理

細かい内容の理解を問う、難易度が高い設問です。災害復旧計画とはシステムが致命的なダメージを受けたときに復旧をするための手順です。災害復旧計画の整備は「サービス継続性管理」で実施します（「サービス継続性管理」はITIL4ファンデーション試験範囲外の管理プラクティスです）。災害復旧計画開始のトリガは、災害発生時は「サービス継続性管理」です。**これ以外に**、「インシデント管理」でインシデントが解決できない場合に、災害復旧計画を使ってサービスを再開する場合があります。

災害復旧計画を実施する中で「サービス構成管理」のアウトプットを利用したり、「変更実現」を実施したりします。

□ □ □ □ □
1 2 3 4 5

設問 37/40

リスクの管理が目的に含まれる管理プラクティスはどれですか？

1. サービスレベル管理　2. 情報セキュリティ管理
3. IT資産管理　4. リリース管理

A 1および2

→最も適切な組み合わせではありません。

B 2および3

→正しい選択肢です。

C 3および4

→最も適切な組み合わせではありません。

D 1および4

→最も適切な組み合わせではありません。

正解：B　難易度：高　本文：5章　複合

複合的に理解を問う、難易度が高い設問です。「リスク」の意味は「起こるか起こらないかわからないこと」です。

「情報セキュリティ管理」の目的には「情報セキュリティに関するリスクを把握して管理すること」が含まれます。「IT資産管理」の目的は「あらゆるIT資産の全ライフサイクルを計画して管理すること」ですが、その中には「リスクの管理」が含まれます。

□ □ □ □ □
1 2 3 4 5

設問 38/40

ワークアラウンドが「根本解決できない問題の恒久的な対処策」となるとき、何が起こりますか？

A 問題がサービス要求になる

→誤った選択肢です。

B 問題がインシデントになる

→誤った選択肢です。

C 問題がクローズされる

→誤った選択肢です。

D 問題が既知のエラーのままになる

→正しい選択肢です。

正解：D　難易度：中　本文：5.3.5　問題管理

ワークアラウンドが恒久的な対処策となるとき、問題のステータスは「既知のエラー」のままになります。問題は「クローズ（完了）」にされるわけではないので注意しましょう。

1 2 3 4 5

設問 39/40

以下の文章で、［？］部分に当てはまる用語はどれですか？
情報セキュリティ管理の目的は、組織の事業運営に必要な情報を［？］することである。

A 保護

→正しい選択肢です。

B 保全

→誤った選択肢です。

C 保証

→誤った選択肢です。

D 保管

→誤った選択肢です。

正解：A　難易度：低　本文：5.1.4　情報セキュリティ管理

「情報セキュリティ管理」の目的は、情報を「保護」することであると記憶しましょう。

□ □ □ □ □

1 2 3 4 5

設問 40/40

サービス関係で価値を共創する役割はどれですか？

1.顧客 **2.サプライヤ**

3.サービス消費者 **4.サービス・プロバイダ**

A 1および2

→最も適切な組み合わせではありません。

B 2および3

→最も適切な組み合わせではありません。

C 3および4

→正しい選択肢です。

D 1および4

→最も適切な組み合わせではありません。

正解：C　難易度：中　本文：3.4　サービス周辺用語

サービス関係は「サービス・プロバイダとサービス消費者の間の協力関係」と定義されています。また、サービス・プロバイダとサービス消費者という**立場は状況により変わる**ことも併せて理解しましょう。

第7章

ビジネス活用はじめの一歩

ITIL4をビジネス活用するための足がかりとして、事例やテンプレートを紹介します。

工夫.その6 ビジネス活用の足がかりを提供

・ITIL4の活用例を用意しました。

・すぐに使える3つのテンプレートを用意しました。

7.1 改善を例にしたITIL4の活用例……310

7.2 付録……316

第7章 ビジネス活用はじめの一歩

第6章で、本書が提供する１つめの価値「ITIL4ファンデーションに合格するための最短ルート」についての内容は終わります。第6章の模擬試験を何度も繰り返し解き、不明点を第3章から第5章でおさらいすれば、ITIL4合格は目前です！

ここからは、本書が提供する2つめの価値「ITIL4をビジネスに活用するための足がかり」について触れてゆきます。

ITIL4は有用なガイダンスです。資格取得だけで終わりにしてしまっては大変もったいないので、本章を参考にITIL4のビジネス活用に向けた第一歩を踏み出してください。

7.1 改善を例にしたITIL4活用例

ここでは財務会計システムを提供する、とある会社の継続的改善を例に、ITIL4の活用例を紹介します。この例は、筆者のITSMコンサルティング経験を基に、ごくシンプルにまとめたものです。実際にはアセスメントなどを含め、詳細に時間をかけて実施する必要があります。また、ITIL4の活用方法に決められたやり方があるわけではありません。あくまで１つの例として紹介します。

①「ビジョンは何か？」について

この会社では、「３年後に、業界で信頼性ナンバーワンの財務会計システムを提供する企業になる」というビジョンを掲げ、そこに向けた改善計画を立て、実行してゆくことになりました。

改善計画は「継続的改善モデル」をベースに作成しました。

②「我々はどこにいるのか？」について

ビジョン実現の第一歩は、現状アセスメントです。ビジョンに掲げた信頼性をキーワードに、直近過去3年のシステムトラブル発生傾向を調査したところ、特に新機能追加時のシステムトラブル件数が多いことが判明しました。（**図7.1-1**）

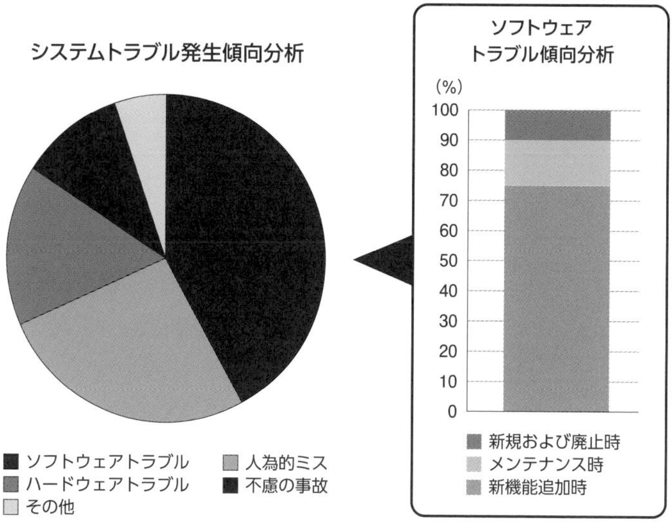

図7.1-1　システムトラブル発生傾向分析結果

そこで、次に新機能追加時に注目して、新機能追加のためのサービス・バリュー・ストリームを作成しました。この結果、特にリスク特定のステップが十分に機能していないことがわかりました（**図7.1-2**）。

さらにこの原因を深堀りするために、４つの側面で分析したところ、「人材」「カルチャ」「ナレッジ」「サプライヤ」「プロセス」といった様々な面で原因が見つかりました（**図7.1-3**）。

③「我々はどこを目指すのか？」について

原因が特定できたら、ビジョンを実現するための測定可能な目標を立てます。ここでは3年以内に新機能追加時のシステムトラブルを90%削減することを掲げ、初年度は「基礎レベルの素養を身に付けたリスクマネジメント人材を100人育成する」「リスクマネジメントプロセスを整備する」という2つの目標を設定しました。

④「どのようにして目標を達成するのか？」について

設定した目標を達成するためのアクションプランを決めます。初年度は「リスクマネジメント組織の立ち上げ」「リスクマネジメント人材育成計画の立案と実行」「リスクマネジメントに関するナレッジとサプライヤ不足を補い、プロセスを整備する

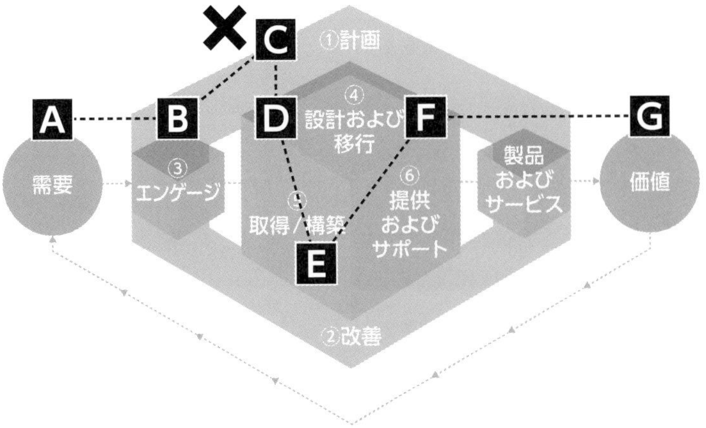

A	
SVSコンポーネント	需要
役割	企画部門
活動	新機能を実装するため、いくつかのITサービスを更新する必要がある。

B	
バリューチェーン活動	エンゲージ
プラクティス	関係管理
役割	企画部門、IT部門
活動	利害関係者と新機能の要件を確認して文書化する。

C	
バリューチェーン活動	計画
プラクティス	ポートフォリオ管理、サービス財務管理、リスク管理
役割	IT部門
活動	コストとリスクを特定する。作業の期間とリソースについて内部で合意する。

D	
バリューチェーン活動	設計および移行
プラクティス	プロジェクト管理、サービスデザイン
役割	IT部門
活動	要件を満たすよう、ITサービスの更新内容を設計する。

E	
バリューチェーン活動	取得／構築
プラクティス	ソフトウェア開発及び管理、サービスの妥当性確認およびテスト、サービスデザイン
役割	IT部門
活動	各チームは割り当てられた領域のコードを作成し、チーム間の結合テストを実施する。

F	
バリューチェーン活動	設計および移行
プラクティス	展開管理、サービス構成管理
役割	IT部門
活動	サービスコンポーネントをデプロイする。

G	
SVSコンポーネント	価値
役割	サービス消費者
活動	サービスがリリースされ、サービス消費者が利用する。

図7.1-2　新機能追加のためのサービス・バリュー・ストリーム

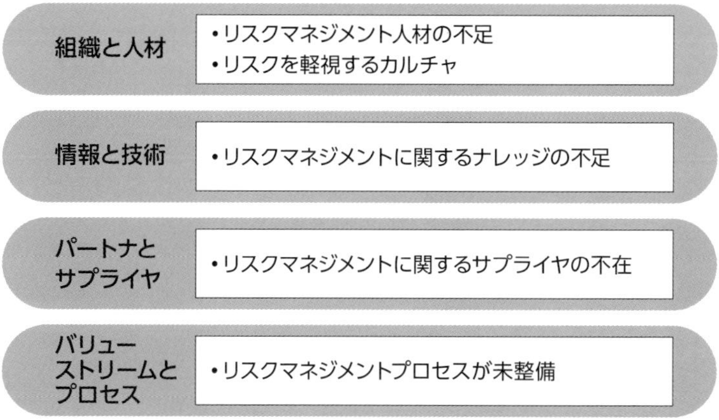

図7.1-3　原因の分析-4つの側面

ため、当面はコンサルティング会社と契約する」という3つのアクションプランを定めました。

⑤「行動を起こす」「我々は達成したのか？」について

アクションプランを実行し、結果を測定します。③で立てた目標が、達成できた場合は次のサイクルでビジョン達成に向けた新たな目標を立てます。達成できなかった場合は原因を分析します。ここでも4つの側面を用いて分析するのが良いでしょう。

⑥「どのようにして推進力を維持するのか？」について

①〜⑤のサイクルを繰り返してゆきますが、サイクルを繰り返すための推進力が重要です。これがないとビジョン達成のための営みが自然消滅してしまいます。

カルチャとしてリスクマネジメントの重要性を根付かせるため、トップダウンの施策として4半期ごとのキックオフのメッセージに「リスクマネジメントの重要性」を含むようにすることにしました。また、ボトムアップの施策として、社員一人一人の目標設定項目として「リスクマネジメントに対する取り組み」を必須項目化することにしました。

⑦改善計画書の作成

以上の流れを改善計画書としてまとめました（**図7.1-4**）。

改善計画書

1	ビジョンは何か？	会社/部署/プロジェクト のビジョンは… 3年後に、業界で信頼性ナンバーワンの財務会計システムを提供する企業になる。
2	我々はどこにいるのか？	現時点の課題と原因は… ①直近過去3年のシステムトラブル傾向を調査した。 →この結果、特に新機能追加時のシステムトラブル件数が多い事が判明した。 ②「新機能追加のためのサービス・バリュー・ストリーム」を作成した。 （「新機能追加のためのサービス・バリュー・ストリーム」を参照） →この結果、リスクの特定のステップが不十分であると判明した。 ③さらに課題を深掘りするために、4つの側面で分析した。（「4つの側面」を参照） →この結果、「人材」「カルチャ」「ナレッジ」「サプライヤ」「プロセス」、様々な面で原因が見つかった。
3	我々はどこを目指すのか？	○年後の姿は…　改善の測定方法、測定タイミングは… 3年以内に新機能追加時のシステムトラブル件数を90％削減する。 このために、初年度は以下の施策を実施する。 ①基礎レベルの素養を身に付けたリスクマネジメント人材を100人育成する。 ②リスクマネジメントプロセスを整備する。
4	どのようにして目標を達成するのか？	改善手段とスケジュールは… 初年度は以下の施策を実施する。 ①リスクマネジメント組織の立ち上げ。 ②リスクマネジメント人材育成計画の立案と実行。 ③リスクマネジメントに関するナレッジとサプライヤ不足を補い、プロセスを整備するため、当面はコンサルティング会社と契約する。
5	行動を起こす	計画の実施… 計画を「従うべき原則」を確認しながら推進する。
6	我々は達成したのか？	測定の結果は… 初年度の目標である「基礎レベルの素養を身に付けたリスクマネジメント人材の100人育成」と「リスクマネジメントプロセスの整備」は達成した。
7	どのようにして推進力を維持するのか？	改善の推進力維持のための取り組みは… カルチャとしてリスクマネジメントの重要性を根付かせるため、社員に対してトップダウン及びボトムアップの働きかけを実施する。

図7.1-4　改善計画書

おわりに

これでITIL4活用例の紹介を終わります。紹介した例は筆者がITSMコンサルティング業務として組織の改善計画を立てるときの基本形です。ITILの考え方を用いる前は、組織全体の方針に合っていない計画を立ててしまったり、原因の特定や対策の立案に抜け漏れがあったり、計画実行に苦労したりすることもありましたが、ITILの考え方を用いるようになってからはこれらの問題に悩まされることが大きく減りました。

ITILはサービスマネジメントに関して、世界で最も広く採用されているガイダンスですが、この評価は正当に実績が評価された結果であると筆者は思います。ぜひ、ITIL4を皆さんのビジネスに活用してみてください。

7.2 付録

ここでは「7.1　改善を例にしたITIL4活用例」で用いた３つのテンプレート（「**図7.2-1**　改善計画書テンプレート」「**図7.2-2**　サービス・バリュー・ストリーム活用テンプレート」「**図7.2-3**　４つの側面分析テンプレート」）を付録として紹介します。

改善計画書テンプレート

改善計画書		
1	ビジョンは何か？	会社/部署/プロジェクト のビジョンは…
2	我々はどこにいるのか？	現時点の課題と原因は…
3	我々はどこを目指すのか？	○年後の姿は…　改善の測定方法、測定タイミングは…
4	どのようにして目標を達成するのか？	改善手段とスケジュールは…
5	行動を起こす	計画の実施…
6	我々は達成したのか？	測定の結果は…
7	どのようにして推進力を維持するのか？	改善の推進力維持のための取り組みは…

図7.2-1　改善計画書テンプレート

サービス・バリュー・ストリーム活用テンプレート

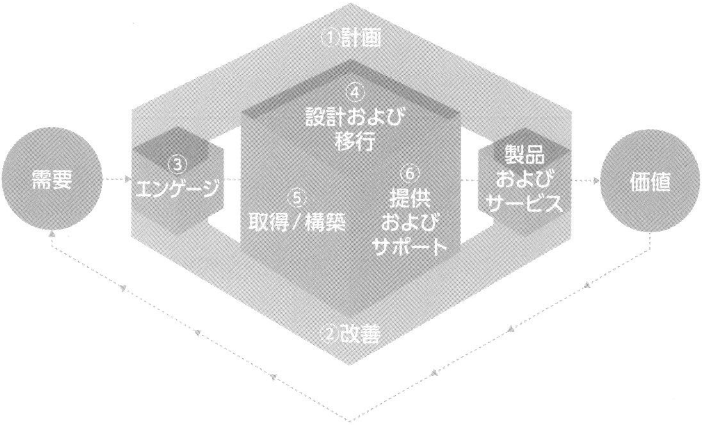

A	
SVSコンポーネント	
役割	
活動	

B	
バリューチェーン活動	
プラクティス	
役割	
活動	

C	
バリューチェーン活動	
プラクティス	
役割	
活動	

D	
バリューチェーン活動	
プラクティス	
役割	
活動	

E	
バリューチェーン活動	
プラクティス	
役割	
活動	

F	
SVSコンポーネント	
役割	
活動	

図7.2-2　サービス・バリュー・ストリーム活用テンプレート

4つの側面分析テンプレート

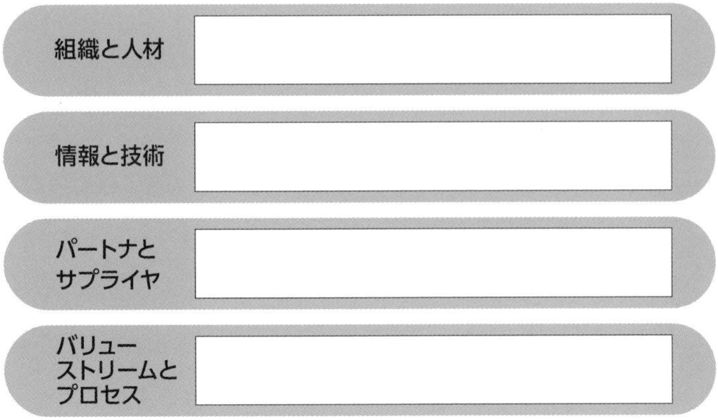

図7.2-3　4つの側面分析テンプレート

おわりに

謝辞

本書を最後までお読みくださりありがとうございます。本書を読み終えた皆様は「ITIL4ファンデーション試験に合格する力」と、「ITIL4をビジネスに活用する一歩を踏み出す力」が身に付いているはずです。自信を持ってITIL4ファンデーション試験とITIL4のビジネス活用に挑戦してみてください。

また、本書執筆にあたり多くの方々にご指導ご鞭撻を賜りました。今回の機会を下さいましたPeopleCertの松林氏、日経BP社の松山氏。説明表現についてアドバイスを下さいました合同会社ノアの徳永氏。執筆協力をいただきましたNTTデータ先端技術株式会社の金田一氏（INTELLILINK Training Academy）、津越氏（セキュリティコンサルティング担当）、西本氏（Altemistaテクノロジーコンサルティング室）。図解表現についてアドバイスを下さいました笠原氏。そして支えてくれた家族。皆様に心から感謝申し上げます。

著者プロフィール

武山 祐（たけやま　ゆう）

1987年生まれ。東京工業大学(現東京科学大学) 生命理工学部卒、同大学院総合理工学研究科 修士課程修了。株式会社エヌ・ティ・ティ・データにてソフトウェアおよびハードウェアの保守運用業務に従事。その後、エヌ・ティ・ティ・データ先端技術株式会社を経て株式会社NTTデータグループにてビジネスコンサルタントとして多角的な活躍をする傍ら、新しい時代のサービスマネジメントをテーマに多数登壇。難解な概念を噛み砕いて伝える講義は非常に好評。英 PeopleCert公認ITILアンバサダー、独立行政法人情報処理推進機構（IPA）試験委員、国際標準化機構委員

ITIL® 4ファンデーション試験対策

2022年10月17日　第1版第1刷発行
2024年11月27日　第1版第2刷発行

著　　者　武山 祐
発 行 者　浅野 祐一
発　　行　株式会社日経BP
発　　売　株式会社日経BPマーケティング
〒105-8308
東京都港区虎ノ門4-3-12
装　　丁　bookwall
制　　作　マップス
編　　集　松山 貴之
印刷・製本　TOPPANクロレ株式会社

ISBN978-4-296-20033-7

本書籍に関するお問い合わせ、ご連絡は下記にて承ります。
https://nkbp.jp/booksQA